冯玉增　刘小平　黄治学　主编

山楂
病虫草害诊治
生态图谱

Atlas of Diagnosis and Treatment for Disease Pest and Weed
Disease of Hawthorn

U0199418

中国林业出版社
CF-PH China Forestry Publishing House

编委会

主　　编：冯玉增　刘小平　黄治学
副 主 编：（以姓氏笔画为序）
　　　　　许　洪　张秋红　段世齐　理春华　薛　毅
参 编 者：冯玉增　刘小平　黄治学　许　洪　张秋红　段世齐　理春华
　　　　　薛　毅　于青松　刘亚洲　梁琳琳

图书在版编目（CIP）数据

山楂病虫草害诊治生态图谱 / 冯玉增，刘小平，黄治学主编 . -- 北京：中国林业出版社，
2019.8

ISBN 978-7-5219-0225-9

Ⅰ . ①山… Ⅱ . ①冯… ②刘… ③黄… Ⅲ . ①山楂 – 病虫害防治 – 图谱 Ⅳ . ① S436.619-64

中国版本图书馆 CIP 数据核字 (2019) 第 177650 号

策划编辑：何增明
责任编辑：张　华

出版发行　中国林业出版社（100009　北京西城区德内大街刘海胡同 7 号）
　　　　　电话：（010）83143566
发　　行　中国林业出版社
印　　刷　固安县京平诚乾印刷有限公司
版　　次　2019 年 9 月第 1 版
印　　次　2019 年 9 月第 1 次印刷
开　　本　880mm×1230mm　1/32
印　　张　9.25
字　　数　388 千字
定　　价　49.00 元

前 言 Preface

　　山楂是我国特有的药果兼用树种，种植历史悠久，分布范围较广。由于各地自然条件不同、生态环境复杂多样，导致病虫草害种类繁多，危害严重，对山楂生产安全构成了直接威胁。由病虫草害引起的品质下降、产量降低以及市场损失更难以计量。防治失当，不合理的使用农药，还会造成果品农药残留超标与环境污染。随着我国人民生活水平的提高，加之我国农产品市场对国际市场的开放程度越来越广，出口量增加，对果品品质、质量安全要求也越来越高。

　　笔者长期从事果树病虫草害研究与防治技术的推广应用工作，在与果农的长期交往实践中，深知果农到底需要什么，渴望什么。

　　正确认识病虫草害、科学预防、合理用药、降低成本，是广大果农的迫切需求；吃上高品质的放心果品，减少农药残留影响，是广大消费者的迫切愿望。很多果农对果树病虫草害的诊断与防治技术还较落后；现在很多果树栽培类书，有关病虫草害多局限于文字描述，缺乏详实的生态图谱，即便是从事病虫草害研究和技术推广的专业技术人员，也很难通过阅读文字准确识别，而没有果树病虫草害专业知识的果农，就更不可能通过文字描述正确认识果树的病虫草害，从而进行正确的防治了。

　　为此，笔者早在20多年前就自费数千元，购买了当时较先进的数码相机，深入田间、果园拍照，与果农交朋友，收集他们的经验体会。为正确识别病虫草并拍摄生态图片，查阅了大量的果树专业技术文献，以图找病虫，由文字描述找病虫，对有些病虫草，请有关专家进行鉴定，或征询同行意见。为了找全找齐各个虫态的生态图，采用沙网袋套袋饲养、夜晚观察、特殊天气条件下观察、昆虫周年生活史观察等方法，争取拍摄出理想的各虫态生态图片。对于昆虫尽量拍摄到各虫态的生态图片，对于病害尽量拍摄到不同发病期、树体不同发病部位的生态图片，对于杂草尽量拍摄到从幼苗到成株的各个生长阶段的生态图片。经过多年辛苦和不懈努力，拍摄积累了我国北方十余种落叶果树、数万张果树病虫草害及天敌生态图片。希望通过自己的努力，编写出版一套图像清晰、色彩真实、病状全面、真正实用的果树病虫草害及无公害防治图谱，同时配以简单而贴切的症状文字描述、发生规律和防治方法，让果农一看就懂、一学就会，用药用工少，防治效益好。

本书的编写旨在为果农做点事，为我国北方落叶果树生产做点事，为提高果品产量、改善品质、减少农药残留，为国民果品消费安全，建设生态安全、还绿水青山，尽自己的一份力。

本套丛书包括苹果、梨、石榴、桃、杏、李、柿、枣、核桃、板栗、樱桃、山楂等 12 个分册。每个树种 1 个分册，书中绝大部分照片为田间实拍，清晰度高，色彩逼真。同一种病害尽可能表现在植株不同部位、不同时期的典型症状；同一种害虫尽可能表现出不同虫态，同一虫态尽可能表现不同的龄期、不同的表现型以及害虫危害症状；同一种杂草尽可能表现出从幼苗到成熟期不同的生长龄期；同一种天敌，也尽量提供不同虫态的生态照片。在病虫草害防治方面，坚持"预防为主，综合防治"的农业植物保护方针，着重介绍最新研究推广的成功经验、新药剂、新方法。

丛书邀请国内在该领域有丰富实践经验的专家共同编写完成。内容突破了以往农业科普读物中以语言文字介绍为主的局限性，更多的采用生态数码照片，形象生动、文字通俗易懂、内容科学简要、技术先进实用，使读者可以简明、快捷、准确地诊断病虫草害，适时、科学、正确、合理地开展防治。

全书的编写，也引用、借鉴了同行的部分内容，由于篇幅所限，不一一列出，在此一并感谢。

由于编著者水平所限，加之内容宽泛，书中难免有疏漏和不当之处，敬请同行专家、广大读者朋友批评指正。

冯玉增
2019 年 2 月

目 录 Contents

第3章　果园主要杂草识别与防治 / 99

第4章 果园害虫主要天敌保护与识别利用 / 123

第5章 果园病虫草无公害综合防治 / 133

参考文献 / 143

附 录 / 145

生态
图谱

图 1-1-1　山楂炭疽病病叶
图 1-1-2　山楂炭疽病病果初期
图 1-1-3　山楂炭疽病病果中期
图 1-1-4　山楂炭疽病病果后期
图 1-1-5　山楂炭疽病病果果柄
图 1-2-1　山楂青霉病病果
图 1-3-1　山楂轮纹病病果

图 1-4-1　山楂锈病病果

图 1-4-2　山楂锈病叶背面病斑

图 1-4-3　山楂锈病叶正面病斑

图 1-4-4　山楂锈病转主寄主生长期圆柏
　　　　　上的冬孢子角

图 1-4-5　山楂锈病转主寄主圆柏树干上
　　　　　的冬孢子角

1-5-1	1-5-2	
	1-6-1	
1-7-1	1-7-2	

图 1-5-1　山楂花腐病病花
图 1-5-2　山楂花腐病害幼果
图 1-6-1　山楂日灼病病果
图 1-7-1　山楂裂果病纵裂
图 1-7-2　山楂裂果病病果

图 1-8-1　山楂叶斑病

图 1-8-2　山楂叶斑病后期

图 1-9-1　山楂黑星病

图 1-10-1　山楂枯梢病 1

图 1-10-2　山楂枯梢病 2

图 1-11-1　山楂腐烂病病枝前期

图 1-11-2　山楂腐烂病病干后期

图 1-12-1　山楂干腐病病干

图 1-12-2　山楂干腐病病干

图 1-13-1　山楂白纹羽病白色羽状菌膜

| 1-14-1 |
| 1-15-1 |
| 1-15-2 | 1-16-1 |

图 1-14-1　山楂圆斑根腐病
图 1-15-1　山楂根朽病病部白色菌丝
图 1-15-2　山楂根朽病病部生蘑菇状子实体
图 1-16-1　山楂干枯病病枝

1-17-1	1-17-2
1-18-1	1-19-1
1-19-2	

图 1-17-1　山楂白粉病病果
图 1-17-2　山楂白粉病病叶
图 1-18-1　山楂丛枝病病枝
图 1-19-1　山楂立枯病幼苗立枯型
图 1-19-2　山楂立枯病幼树立枯型

图 2-1-1　山楂小食心虫成虫
图 2-1-2　山楂小食心虫幼虫
图 2-1-3　山楂小食心虫蛀害山楂果孔
图 2-1-4　山楂小食心虫幼虫危害果内状
图 2-2-1　山楂萤叶甲成虫
图 2-2-2　山楂萤叶甲幼虫
图 2-2-3　山楂萤叶甲成虫危害花蕾

2-1-1	2-1-2
2-1-3	2-1-4
2-2-1	2-2-2
2-2-3	

图 2-3-1　桃蛀螟成虫栖息
　　　　　山楂叶上
图 2-3-2　产在石榴萼筒内
　　　　　的桃蛀螟卵
图 2-3-3　桃蛀螟幼虫
图 2-3-4　桃蛀螟茧
图 2-3-5　桃蛀螟蛹
图 2-3-6　桃蛀螟幼虫危害
　　　　　山楂果状
图 2-3-7　性诱剂诱杀桃蛀螟
　　　　　成虫

2-3-1	2-3-2
2-3-3	2-3-4
2-3-5	2-3-6
	2-3-7

图 2-4-1　李小食心虫成虫

图 2-4-2　李小食心虫卵

图 2-4-3　李小食心虫幼虫

图 2-5-1　桃小食心虫成虫
图 2-5-2　桃小食心虫卵
图 2-5-3　桃小食心虫幼虫及危害状
图 2-5-4　桃小食心虫冬茧（上）和夏
　　　　　茧（下）
图 2-5-5　桃小食心虫咬破茧出土幼虫
图 2-5-6　桃小食心虫幼虫危害山楂脱
　　　　　果孔
图 2-5-7　桃小食心虫性诱芯及诱集的
　　　　　雄蛾

2-5-1	2-5-2
2-5-3	2-5-4
2-5-5	2-5-6
	2-5-7

图 2-6-1　梨小食心虫成虫

图 2-6-2　梨小食心虫幼虫

图 2-6-3　梨小食心虫幼虫危害状

图 2-7-1　金环胡蜂成虫

图 2-7-2　金环胡蜂蜂巢

2-6-1	2-6-2
2-6-3	2-7-1
2-7-2	

2-8-1	2-8-2
2-8-3	2-8-4
	2-8-5

图 2-8-1　白小食心虫成虫
图 2-8-2　白小食心虫幼虫
图 2-8-3　白小食心虫茧和幼虫
图 2-8-4　白小食心虫幼虫危害山楂果
图 2-8-5　白小食心虫越冬型幼虫

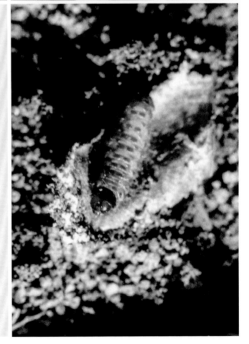

图 2-9-1　山楂绢粉蝶成虫

图 2-9-2　山楂绢粉蝶成虫

　　　　　（左）、茧（右）

图 2-9-3　山楂绢粉蝶幼虫

图 2-10-1　梨叶斑蛾成虫

图 2-10-2　梨叶斑蛾成虫群

　　　　　集危害树干

图 2-10-3　梨叶斑蛾幼虫

图 2-10-4　梨叶斑蛾幼虫危

　　　　　害叶片状

2-9-1	
2-9-2	2-9-3
2-10-1	2-10-2
2-10-3	2-10-4

2-11-1	
2-11-2	
2-11-3	2-11-4

图 2-11-1　山楂喀木虱若虫
图 2-11-2　山楂喀木虱成虫
图 2-11-3　山楂喀木虱初羽
　　　　　 化成虫
图 2-11-4　山楂喀木虱低龄
　　　　　 若虫

图 2-12-1　山楂叶螨
图 2-12-2　山楂叶螨危害状
图 2-12-3　山楂叶螨危害山楂叶初期症状
图 2-12-4　山楂叶螨危害山楂叶后期症状
图 2-12-5　山楂叶螨危害丝网

2-13-1	2-13-2
2-13-3	2-13-4
2-13-5	2-13-6

图 2-13-1　黄刺蛾成虫
图 2-13-2　黄刺蛾成虫交尾状
图 2-13-3　黄刺蛾卵
图 2-13-4　黄刺蛾幼龄幼虫群集危害叶状
图 2-13-5　黄刺蛾低龄幼虫
图 2-13-6　黄刺蛾成龄幼虫

2-13-7	2-13-8
2-13-9	2-13-10
2-13-11	

图 2-13-7　黄刺蛾老龄幼虫

图 2-13-8　黄刺蛾茧

图 2-13-9　黄刺蛾蛹

图 2-13-10　黄刺蛾成虫羽化后茧

图 2-13-11　黄刺蛾茧被茧蜂寄生

图 2-14-1 丽绿刺蛾成虫
图 2-14-2 丽绿刺蛾成虫交尾
图 2-14-3 丽绿刺蛾初孵幼虫
　　　　　群害状
图 2-14-4 丽绿刺蛾低龄幼虫
　　　　　群害叶
图 2-14-5 丽绿刺蛾成龄幼虫
图 2-14-6 丽绿刺蛾茧
图 2-14-7 丽绿刺蛾蛹

2-14-1	2-14-2
2-14-3	2-14-4
2-14-5	2-14-6
	2-14-7

2-15-1	2-15-2
2-15-3	2-15-4
2-15-5	2-15-6

图 2-15-1 青刺蛾成虫
图 2-15-2 青刺蛾幼龄幼虫
图 2-15-3 青刺蛾中龄幼虫
图 2-15-4 青刺蛾成龄幼虫
图 2-15-5 青刺蛾越冬茧
图 2-15-6 青刺蛾茧及羽化孔

图 2-16-1　扁刺蛾成虫

图 2-16-2　扁刺蛾卵

图 2-16-3　扁刺蛾幼龄幼虫

图 2-16-4　扁刺蛾中龄幼虫

图 2-16-5　扁刺蛾成龄幼虫

图 2-16-6　扁刺蛾茧

2-16-1	2-16-2
2-16-3	2-16-4
2-16-5	2-16-6

图 2-17-1　枣刺蛾成虫

图 2-17-2　枣刺蛾低龄幼虫

图 2-17-3　枣刺蛾成龄幼虫

图 2-17-4　枣刺蛾羽化茧

图 2-18-1　杏星毛虫成虫

图 2-18-2　杏星毛虫成虫交尾

图 2-18-3　杏星毛虫幼虫

2-17-1	2-17-2
2-17-3	2-17-4
2-18-1	2-18-2
2-18-3	

图 2-19-1　黄褐天幕毛虫成虫
图 2-19-2　黄褐天幕毛虫卵
图 2-19-3　黄褐天幕毛虫低龄幼虫
图 2-19-4　黄褐天幕毛虫幼虫群害
图 2-19-5　黄褐天幕毛虫幼虫群害网幕
图 2-19-6　黄褐天幕毛虫茧
图 2-19-7　黄褐天幕毛虫蛹

2-19-1	2-19-2
2-19-3	2-19-4
2-19-5	2-19-6
	2-19-7

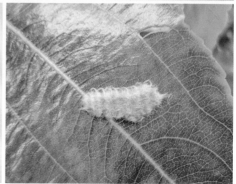

2-20-1	2-20-2
2-20-3	
	2-20-4

图 2-20-1　金毛虫成虫

图 2-20-2　金毛虫成虫腹末黄毛

图 2-20-3　金毛虫卵块

图 2-20-4　金毛虫幼虫

2-20-5	2-20-6
2-20-7	2-20-8
2-20-9	2-20-10

图 2-20-5　金毛虫幼虫危害山楂叶

图 2-20-6　金毛虫幼虫食害山楂嫩梢

图 2-20-7　金毛虫幼虫食害山楂幼果

图 2-20-8　金毛虫幼虫食害山楂幼果孔

图 2-20-9　金毛虫低龄幼虫危害山楂果造成麻皮

图 2-20-10　金毛虫茧

图 2-21-1　茸毒蛾雌蛾
图 2-21-2　雄茸毒雄蛾
图 2-21-3　茸毒蛾幼龄幼虫
图 2-21-4　茸毒蛾中龄幼虫
图 2-21-5　茸毒蛾成龄幼虫
图 2-21-6　茸毒蛾老龄幼虫
图 2-21-7　茸毒蛾茧

2-21-1	2-21-2
2-21-3	2-21-4
2-21-5	2-21-6
	2-21-7

2-23-1	2-23-2
2-23-3	2-23-4	2-23-5
2-23-6	2-23-7

图 2-23-1　肾毒蛾成虫　　　　　图 2-23-5　肾毒蛾幼虫背面观

图 2-23-2　肾毒蛾卵　　　　　　图 2-23-6　肾毒蛾幼虫头部正面观

图 2-23-3　肾毒蛾初孵幼虫　　　图 2-23-7　肾毒蛾茧

图 2-23-4　肾毒蛾低龄幼虫

2-24-1	2-24-2
2-25-1	2-25-2
2-25-3	2-25-4

图 2-24-1　桑剑纹夜蛾成虫
图 2-24-2　桑剑纹夜蛾幼虫
图 2-25-1　梨剑纹夜蛾成虫
图 2-25-2　梨剑纹夜蛾幼虫侧面观
图 2-25-3　梨剑纹夜蛾幼虫背面观
图 2-25-4　梨剑纹夜蛾幼虫头部

2-26-1	2-26-2
2-27-1	2-27-2
2-27-3	2-27-4
	2-27-5

图 2-26-1　果剑纹夜蛾成虫
图 2-26-2　果剑纹夜蛾幼虫
图 2-27-1　棉褐带卷蛾成虫
图 2-27-2　棉褐带卷蛾卵
图 2-27-3　棉褐带卷蛾幼虫
图 2-27-4　棉褐带卷蛾蛹
图 2-27-5　棉褐带卷蛾蛹壳

2-28-1	2-28-2
2-28-3	

图 2-28-1 茶长卷叶蛾成虫（下）蛹壳（上）
图 2-28-2 茶长卷叶蛾幼虫
图 2-28-3 茶长卷叶蛾蛹

图 2-29-1　茶翅蝽成虫

图 2-29-2　茶翅蝽卵及初孵若虫

图 2-29-3　茶翅蝽低龄若虫

图 2-29-4　茶翅蝽大龄若虫

图 2-29-5　茶翅蝽初羽成虫

2-30-1	2-30-2	图 2-30-1　绿盲蝽若虫
	2-31-1	图 2-30-2　绿盲蝽成虫
		图 2-31-1　斑须蝽卵及初孵若虫
2-31-2	2-31-3	图 2-31-2　斑须蝽成虫
		图 2-31-3　斑须蝽若虫

2-32-1	2-32-2
2-32-3	

图 2-32-1　点蜂缘蝽成虫

图 2-32-2　点蜂缘蝽若虫

图 2-32-3　点蜂缘蝽成虫交尾

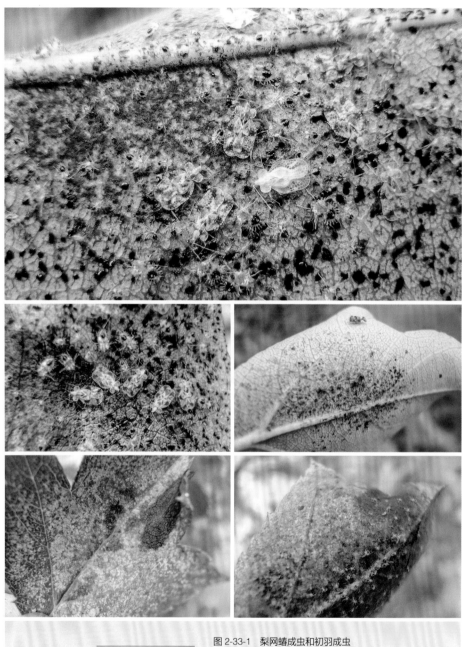

图 2-33-1　梨网蝽成虫和初羽成虫
图 2-33-2　梨网蝽成虫和若虫
图 2-33-3　梨网蝽危害山楂叶背面初期
图 2-33-4　梨网蝽危害山楂叶正面
图 2-33-5　梨网蝽危害山楂叶背面后期

	2-36-1	
2-36-2		2-36-3
2-36-4		2-36-5

图 2-36-1　大青叶蝉成虫

图 2-36-2　大青叶蝉成虫产卵

图 2-36-3　大青叶蝉卵

图 2-36-4　大青叶蝉若虫

图 2-36-5　大青叶蝉若虫蜕皮

图 2-37-1　舟形毛虫成虫

图 2-37-2　舟形毛虫卵

图 2-37-3　舟形毛虫低龄幼虫群集危害

图 2-37-4　舟形毛虫幼虫

图 2-37-5　舟形毛虫中龄幼虫群集危害

图 2-37-6　舟形毛虫大龄幼虫群集危害

图 2-37-7　舟形毛虫蛹

2-38-1	2-38-2
2-38-3	2-39-1
2-39-2	2-39-3

图 2-38-1　铜绿金龟成虫交尾状
图 2-38-2　铜绿金龟成虫
图 2-38-3　铜绿金龟幼虫（蛴螬）
图 2-39-1　黑绒金龟成虫食害花蕊
图 2-39-2　黑绒金龟成虫交尾
图 2-39-3　黑绒金龟幼虫（蛴螬）

2-42-1

2-42-2

图 2-42-1　苹果瘤蚜无翅蚜

图 2-42-2　苹果瘤蚜有翅蚜

2-43-1	2-43-2
2-43-3	2-43-4
2-43-5	2-43-6	2-43-7

图 2-43-1　茶蓑蛾蛾囊
图 2-43-2　茶蓑蛾雄成虫
图 2-43-3　茶蓑蛾雌成虫
图 2-43-4　茶蓑蛾成虫交尾
图 2-43-5　茶蓑蛾幼虫
图 2-43-6　茶蓑蛾蛹
图 2-43-7　茶蓑蛾雄成虫羽化蛹壳外露

2-44-7	2-44-8	
	2-44-9	
2-44-10	2-44-11	2-44-12
2-44-13		

图 2-44-7　斑衣蜡蝉越冬卵正孵化若虫

图 2-44-8　初孵化的斑衣蜡蝉若虫

图 2-44-9　斑衣蜡蝉 3 龄前若虫

图 2-44-10　斑衣蜡蝉 3 龄前若虫群害

图 2-44-11　3 龄斑衣蜡蝉脱皮为 4 龄若虫

图 2-44-12　斑衣蜡蝉 4 龄后若虫

图 2-44-13　斑衣蜡蝉 4 龄后若虫群害

2-45-1	2-45-2
2-45-3	2-46-1
2-46-2	2-46-3

图 2-45-1　柿广翅蜡蝉成虫

图 2-45-2　柿广翅蜡蝉成虫产卵枝

图 2-45-3　柿广翅蜡蝉若虫

图 2-46-1　八点广翅蜡蝉成虫

图 2-46-2　八点广翅蜡蝉若虫

图 2-46-3　八点广翅蜡蝉产卵枝

2-47-1	2-47-2
	2-47-3
	2-47-4
	2-47-5

图 2-47-1　黑蝉成虫
图 2-47-2　黑蝉产于山楂枝上的卵
图 2-47-3　黑蝉若虫
图 2-47-4　黑蝉若虫羽化初期
图 2-47-5　黑蝉若虫羽化中期

图 2-47-6　黑蝉若虫羽化后的蝉蜕
图 2-47-7　黑蝉危害山楂枝状
图 2-47-8　黑蝉若虫羽化后期
图 2-47-9　黑蝉初羽化成虫

2-48-1	2-48-2
2-48-3	2-48-4
2-48-5	2-48-6

图 2-48-1　草履蚧雌成虫
图 2-48-2　草履蚧雌成虫腹面观
图 2-48-3　草履蚧初羽化雌成虫
图 2-48-4　草履蚧雄成虫
图 2-48-5　草履蚧成虫交尾
图 2-48-6　草履蚧雌成虫下树产卵越夏

图 2-48-7 草履蚧雌成虫集中危害树干状

图 2-48-8 白色薄膜缠树干阻草履蚧雌虫上树

图 2-48-9 草履蚧若虫脱皮

图 2-48-10 黄色黏虫纸缠树干阻草履蚧雌虫上树

2-49-1	2-49-2
2-49-3	2-49-4
2-49-5	

图 2-49-1　枣龟蜡蚧雌蚧
图 2-49-2　枣龟蜡蚧雌蚧及卵
图 2-49-3　枣龟蜡蚧雌蚧危害枝干状
图 2-49-4　枣龟蜡蚧雄虫介壳
图 2-49-5　枣龟蜡蚧雌、雄蚧危害叶

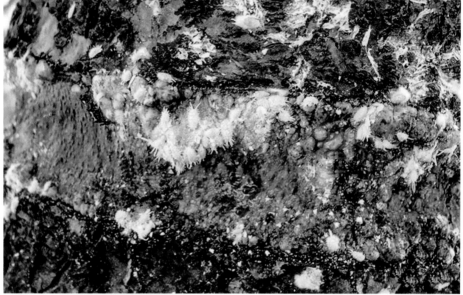

2-50-1	2-50-2
2-50-3	
2-51-1	

图 2-50-1　康氏粉蚧雌成虫
图 2-50-2　康氏粉蚧集中危害枝条状
图 2-50-3　康氏粉蚧危害树干
图 2-51-1　苹果球蚧

2-52-1	2-52-2
2-52-3	
	2-52-4

图 2-52-1　吹绵蚧雌成虫

图 2-52-2　吹绵蚧若虫

图 2-52-3　吹绵蚧危害枝状

图 2-52-4　七星瓢虫捕食吹绵蚧雌成虫

2-53-1	
2-53-2	2-53-3
2-54-1	2-54-2

图 2-53-1　金缘吉丁虫成虫

图 2-53-2　金缘吉丁虫幼虫

图 2-53-3　金缘吉丁虫危害状

图 2-54-1　柳蝙蛾成虫

图 2-54-2　柳蝙蛾幼虫

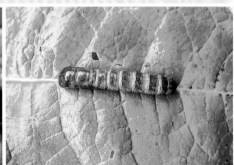

2-55-1	
2-55-2	2-55-3
2-56-1	2-56-2

图 2-55-1　瘤胸材小蠹
图 2-55-2　瘤胸材小蠹成虫集中危害
图 2-55-3　瘤胸材小蠹成虫危害状
图 2-56-1　四点象天牛成虫
图 2-56-2　四点象天牛成虫交尾

2-57-1	
2-57-2	2-57-3
2-57-4	

图 2-57-1　桃红颈天牛成虫

图 2-57-2　桃红颈天牛成虫交尾

图 2-57-3　桃红颈天牛幼虫

图 2-57-4　桃红颈天牛幼虫危害状

	2-58-1	
2-58-2		2-58-3
	2-58-4	

图 2-58-1　粒肩天牛成虫

图 2-58-2　粒肩天牛产卵刻槽

图 2-58-3　粒肩天牛幼虫

图 2-58-4　粒肩天牛蛹

2-59-1	
2-59-2	2-59-3
2-60-1	2-60-2
2-60-3	2-60-4

图 2-59-1　小木蠹蛾成虫　　　　图 2-60-1　豹纹木蠹蛾成虫

图 2-59-2　小木蠹蛾幼虫　　　　图 2-60-2　豹纹木蠹蛾卵

图 2-59-3　小木蠹蛾危害山楂干状　图 2-60-3　豹纹木蠹蛾幼虫

图 2-60-4　豹纹木蠹蛾幼虫危害山楂枝

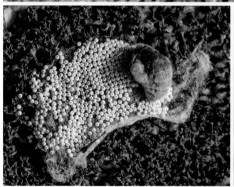

2-61-1	
2-61-2	2-61-3
	2-61-4

图 2-61-1　古毒蛾雄成虫
图 2-61-2　古毒蛾雌成虫及卵
图 2-61-3　古毒蛾成龄幼虫
图 2-61-4　古毒蛾成龄老龄幼虫

图 2-62-1　褐刺蛾成虫

图 2-62-2　褐刺蛾低龄幼虫

图 2-62-3　褐刺蛾黄色型成龄幼虫

图 2-62-4　褐刺蛾红色型成龄幼虫

图 2-62-5　褐刺蛾越冬茧

图 2-62-6　褐刺蛾羽化茧

2-62-1	2-62-2
2-62-3	2-62-4
2-62-5	2-62-6

2-63-1	2-63-2
2-64-1	
	2-64-2

图 2-63-1　梨尺蠖成虫
图 2-63-2　梨尺蠖幼虫
图 2-64-1　梨大叶蜂成虫
图 2-64-2　梨大叶蜂幼虫

2-65-1	2-65-3
2-65-2	
2-66-1	2-66-2

图 2-65-1　梨卷叶象甲成虫
图 2-65-2　梨卷叶象甲危害状
图 2-65-3　梨卷叶象甲蛹
图 2-66-1　梨叶蜂幼虫
图 2-66-2　梨叶蜂幼虫群集取食叶片

2-67-1	2-67-2
2-67-3	2-67-4
2-67-5	2-67-6	2-67-7
2-67-8	2-67-9	2-67-10

图 2-67-1　美国白蛾成虫
图 2-67-2　美国白蛾成虫交尾
图 2-67-3　美国白蛾成虫正在产卵
图 2-67-4　美国白蛾卵
图 2-67-5　美国白蛾低龄幼虫群害叶
图 2-67-6　美国白蛾幼虫背面观
图 2-67-7　美国白蛾幼虫侧面观
图 2-67-8　美国白蛾幼虫腹面观
图 2-67-9　美国白蛾幼虫集中危
　　　　　害状及网幕
图 2-67-10　美国白蛾蛹

2-68-1

2-68-2

图 2-68-1　桑褶翅尺蛾成虫
图 2-68-2　桑褶翅尺蛾幼虫

2-69-1	2-69-2
2-69-3	2-69-4
2-69-5	2-69-6
	2-69-7

图 2-69-1　硕蝽成虫
图 2-69-2　硕蝽成虫交尾
图 2-69-3　硕蝽成虫羽化
图 2-69-4　硕蝽初羽化成
　　　　　　虫和蜕皮
图 2-69-5　硕蝽低龄若虫
图 2-69-6　硕蝽中龄若虫
图 2-69-7　硕蝽成龄若虫

图 2-70-1　小线角木蠹蛾成虫
图 2-70-2　小线角木蠹蛾幼虫
图 2-70-3　小线角木蠹蛾幼虫危害状

| 2-70-1 |
| 2-70-2 | 2-70-3 |

2-71-1	2-71-2
2-72-1	2-72-2
	2-72-3

图 2-71-1　山楂超小卷蛾成虫

图 2-71-2　山楂超小卷蛾幼虫

图 2-72-1　山楂花象甲成虫

图 2-72-2　山楂花象甲幼虫

图 2-72-3　山楂花象甲危害花蕾状

2-73-1	2-74-1
2-74-2	2-75-1
2-75-2	2-75-3

图 2-73-1　山楂蠹虫

图 2-74-1　薄翅锯天牛成虫

图 2-74-2　薄翅锯天牛幼虫

图 2-75-1　海棠透翅蛾成虫

图 2-75-2　海棠透翅蛾产卵刻槽

图 2-75-3　海棠透翅蛾幼虫

2-76-1		
2-76-2	2-76-3	2-76-4
2-76-5		

图 2-76-1　角斑古毒蛾雄成虫
图 2-76-2　角斑古毒蛾雌成虫
图 2-76-3　角斑古毒蛾雌成虫
　　　　　及卵
图 2-76-4　角斑古毒蛾幼虫
图 2-76-5　角斑古毒蛾蛹

2-77-1	
2-77-2	2-78-1
	2-78-2

图 2-77-1　梨眼天牛成虫
图 2-77-2　梨眼天牛幼虫
图 2-78-1　桃黄斑卷叶蛾成虫
图 2-78-2　桃黄斑卷叶蛾幼虫

2-79-1	
2-79-2	2-79-3
2-79-4	

图 2-79-1　桃剑纹夜蛾成虫
图 2-79-2　桃剑纹夜蛾幼虫背面观
图 2-79-3　桃剑纹夜蛾幼虫侧面观
图 2-79-4　桃剑纹夜蛾茧

2-80-1	2-80-2
2-80-3	
2-81-1	2-81-2

图 2-80-1　桃潜叶蛾成虫

图 2-80-2　桃潜叶蛾冬型成虫

图 2-80-3　桃潜叶蛾茧

图 2-81-1　无斑弧丽金龟幼虫（蛴螬）

图 2-81-2　无斑弧丽金龟成虫

2-82-1	2-82-2
2-82-3	
2-82-4	
2-82-5	

图 2-82-1　舞毒蛾雄成虫
图 2-82-2　舞毒蛾雌成虫及卵块
图 2-82-3　舞毒蛾卵
图 2-82-4　舞毒蛾幼虫
图 2-82-5　舞毒蛾幼虫危害状

3-5-1	
3-5-2	3-5-3

图 3-5-1　蛇莓 1
图 3-5-2　蛇莓 2
图 3-5-3　蛇莓 3

图 3-6-1　长裂苦苣菜 1
图 3-6-2　长裂苦苣菜 2
图 3-6-3　长裂苦苣菜 3
图 3-6-4　长裂苦苣菜 4
图 3-7-1　艾蒿 1
图 3-7-2　艾蒿 2
图 3-7-3　艾蒿 3

图 3-8-1　苘麻 1
图 3-8-2　苘麻 2
图 3-8-3　苘麻 3
图 3-8-4　苘麻 4
图 3-8-5　苘麻 5

| 3-9-1 | 3-9-2 |

3-9-3

图 3-9-1　田旋花
图 3-9-2　田旋花
图 3-9-3　田旋花

3-10-1	3-10-2
3-10-3	3-10-4	3-10-5
3-10-6	
	3-10-7

图 3-10-1　曼陀罗 1
图 3-10-2　曼陀罗 2
图 3-10-3　曼陀罗 3
图 3-10-4　曼陀罗 4
图 3-10-5　曼陀罗 5
图 3-10-6　曼陀罗 6
图 3-10-7　曼陀罗 7

3-11-1	3-11-2
3-11-3	3-11-4
3-12-1	3-12-2

图 3-13-1　红蓼幼株

图 3-13-2　红蓼卵形叶

图 3-13-3　红蓼宽卵形叶

图 3-13-4　红蓼花序

图 3-13-5　红蓼茎

图 3-13-6　红蓼花

3-13-1	3-13-2
3-13-3	3-13-4
3-13-5	3-13-6

图 3-14-1　牵牛花叶片

图 3-14-2　牵牛花花梗

图 3-14-3　牵牛花 1

图 3-14-4　牵牛花 2

图 3-14-5　牵牛花蒴果

图 3-14-6　牵牛花种子

3-14-1	3-14-2
3-14-3	3-14-4
3-14-5	3-14-6

	3-15-1	
3-15-2		3-15-3

图 3-15-1　旋覆花叶片
图 3-15-2　旋覆花茎
图 3-15-3　旋覆花

图 3-16-1　茜草幼株
图 3-16-2　茜草茎叶
图 3-16-3　茜草花
图 3-16-4　茜草果

<table>
<tr><td>3-17-1</td><td></td><td></td></tr>
<tr><td rowspan="2">3-17-2</td><td>3-17-3</td></tr>
<tr><td>3-17-4</td></tr>
</table>

图 3-17-1　画眉草幼株

图 3-17-2　画眉草花

图 3-17-3　画眉草茎

图 3-17-4　画眉草颖果

图 3-18-1　地丁草

图 3-18-2　地丁草叶

图 3-18-3　地丁草茎

图 3-18-4　地丁草花

图 3-18-5　地丁草果

图 3-18-6　地丁草根

3-18-1	3-18-2
3-18-3	3-18-4
3-18-5	3-18-6

3-19-1	3-19-2
3-20-1	3-20-2
3-20-3	3-20-4

图 3-19-1　附地菜幼株

图 3-19-2　附地菜开花状

图 3-20-1　地肤幼株

图 3-20-2　地肤茎

图 3-20-3　地肤花

图 3-20-4　地肤果

3-21-1	
3-21-2	3-21-3
3-21-4	

图 3-21-1 米瓦罐成株

图 3-21-2 米瓦罐幼苗

图 3-21-3 米瓦罐茎

图 3-21-4 米瓦罐花果

3-22-1	3-22-2
3-22-3	3-22-4
	3-22-5

图 3-22-1　加拿大一枝黄花幼叶
图 3-22-2　加拿大一枝黄花茎叶
图 3-22-3　加拿大一枝黄花叶背面
图 3-22-4　加拿大一枝黄花花序
图 3-22-5　加拿大一枝黄花

图 3-23-1 秃疮花 1
图 3-23-2 秃疮花 2
图 3-23-3 秃疮花 3
图 3-23-4 秃疮花 4

图 3-24-1　鹅绒藤幼株

图 3-24-2　鹅绒藤成株

图 3-24-3　鹅绒藤花

图 3-24-4　鹅绒藤开花状

图 3-25-1　酢浆草

图 3-25-2　酢浆草花

图 3-25-3　酢浆草果

3-24-1	3-24-2
3-24-3	3-24-4
3-25-1	3-25-2
	3-25-3

3-26-1	
3-26-2	3-26-3
3-27-1	3-27-2

图 3-26-1 金鸡菊叶
图 3-26-2 金鸡菊
图 3-26-3 金鸡菊花
图 3-27-1 离子草 1
图 3-27-2 离子草 2

3-28-1	
3-28-2	3-28-3
	3-28-4

图 3-28-1　独行菜幼苗
图 3-28-2　独行菜
图 3-28-3　独行菜花序
图 3-28-4　独行菜茎

3-29-1	
3-29-2	3-29-3
3-29-4	

图 3-29-1　铁杆蒿幼苗
图 3-29-2　铁杆蒿
图 3-29-3　铁杆蒿叶
图 3-29-4　铁杆蒿花苞

图 3-30-1　窄叶野豌豆
图 3-30-2　窄叶野豌豆叶正面
图 3-30-3　窄叶野豌豆叶背面
图 3-30-4　窄叶野豌豆花
图 3-30-5　窄叶野豌豆豆荚
图 3-30-6　窄叶野豌豆种子
图 3-30-7　窄叶野豌豆荚果

3-30-1	3-30-2
3-30-3	3-30-4
3-30-5	3-30-6
	3-30-7

3-31-1

3-31-2

3-31-3

图 3-31-1　小苜蓿叶
图 3-31-2　小苜蓿开花状
图 3-31-3　小苜蓿荚果

	3-32-1	
		3-32-2
3-33-1	3-33-2	

图 3-32-1　扁杆蔗草
图 3-32-2　扁杆蔗草小穗
图 3-33-1　长芒草 1
图 3-33-2　长芒草 2

图 3-34-1　黄顶菊幼苗
图 3-34-2　黄顶菊茎秆
图 3-34-3　黄顶菊叶
图 3-34-4　黄顶菊花序
图 3-34-5　黄顶菊开花状

3-34-1

3-34-2　　3-34-3

3-34-4　　3-34-5

图 3-35-1　龙爪茅 1
图 3-35-2　龙爪茅 2
图 3-35-3　龙爪茅 3
图 3-36-1　鸡眼草 1
图 3-36-2　鸡眼草 2

3-37-1		图 3-37-1	朝天委陵菜
		图 3-37-2	朝天委陵菜花序
3-37-2	3-37-3	图 3-37-3	朝天委陵菜花
3-38-1	3-38-3	图 3-38-1	苦苣菜
		图 3-38-2	苦苣菜茎
	3-38-4	图 3-38-3	苦苣菜花序
3-38-2		图 3-38-4	苦苣菜花
	3-38-5	图 3-38-5	苦苣菜冠毛

	3-39-1	
3-39-2		3-39-3
3-39-4		3-39-5

图 3-39-1　蒲公英幼苗
图 3-39-2　蒲公英叶片与花梗
图 3-39-3　蒲公英花
图 3-39-4　蒲公英冠毛
图 3-39-5　蒲公英瘦果

3-40-1	3-40-2
3-40-3	

图 3-40-1　稻槎菜 1
图 3-40-2　稻槎菜 2
图 3-40-3　稻槎菜 3

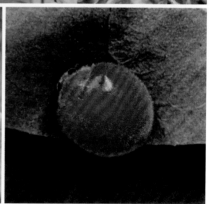

4-1-1	4-1-2
	4-1-3
4-1-4	4-1-5

图 4-1-1　七星瓢虫成虫

图 4-1-2　七星瓢虫幼虫

图 4-1-3　七星瓢虫食蚜

图 4-1-4　七星瓢虫成虫

图 4-1-5　大红瓢虫

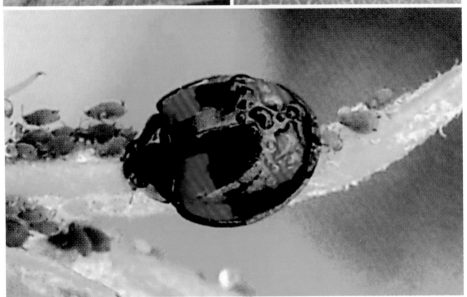

4-1-6	4-1-7
4-1-8	

图 4-1-6　二星瓢虫

图 4-1-7　四星瓢虫成虫

图 4-1-8　四星瓢虫成虫捕食蚜虫

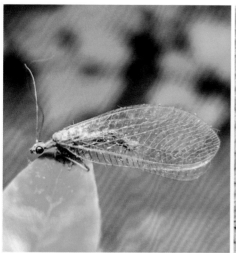

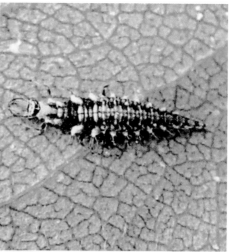

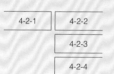

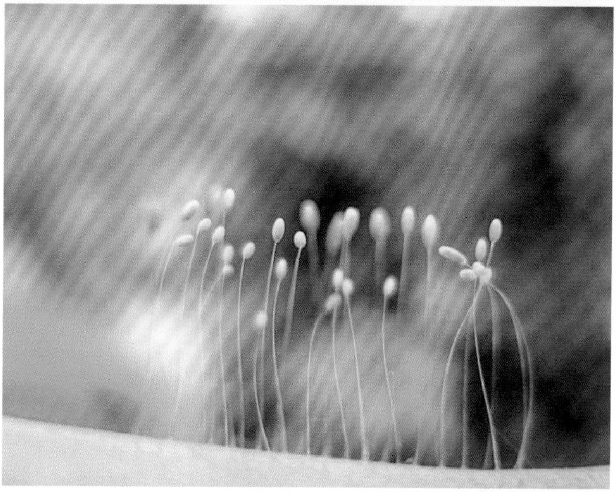

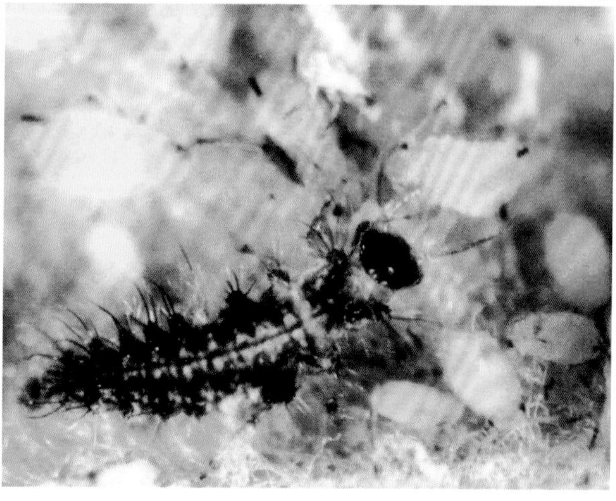

4-2-1 4-2-2
4-2-3
4-2-4

图 4-2-1　草青蛉成虫
图 4-2-2　草青蛉幼虫
图 4-2-3　草青蛉卵
图 4-2-4　草蛉幼虫捕食蚜虫

4-3-1	4-3-2
4-3-3	4-3-4

图 4-3-1　桃粉蚜被蚜茧蜂寄生变黑
图 4-3-2　茧蜂寄生栗六点天蛾幼虫
图 4-3-3　茧蜂寄生绿尾大蚕蛾幼虫
图 4-3-4　黄刺蛾茧被茧蜂寄生

4-3-5	4-3-6
4-3-7	
	4-3-8

图 4-3-5　小茧蜂幼虫寄生鳞翅目幼虫
图 4-3-6　上海青蜂成虫交尾状
图 4-3-7　天敌姬蜂成虫
图 4-3-8　金小蜂寄生柑橘凤蝶蛹羽化孔

4-4-1	4-5-1
4-5-2	4-5-3
	4-5-4

图 4-4-1　钝绥螨（上）捕食红蜘蛛

图 4-5-1　蜘蛛结网

图 4-5-2　绿蜘蛛

图 4-5-3　长腿蜘蛛

图 4-5-4　蜘蛛若虫

4-5-5	4-5-6
4-5-7	4-5-8

图 4-5-5　蜘蛛成蛛
图 4-5-6　蜘蛛猎杀食蚜蝇
图 4-5-7　绿蜘蛛捕食斑柿斑叶蝉成虫
图 4-5-8　蜘蛛

| 4-6-1 |
| 4-6-2 |
| 4-6-3 |
| 4-6-4 |

图 4-6-1　黑带食蚜蝇
图 4-6-2　羽芒宽盾食蚜蝇
图 4-6-3　食蚜蝇幼虫
图 4-6-4　黑带食蚜蝇幼虫捕食蚜虫

4-7-1

4-7-2

4-7-3

图 4-7-1　光肩猎蝽成虫
图 4-7-2　光肩猎蝽若虫
图 4-7-3　小花蝽若虫
　　　　　捕食红蜘蛛

4-8-1

4-8-2

4-8-3

图 4-8-1　螳螂成虫

图 4-8-2　螳螂茧

图 4-8-3　螳螂捕食黑蝉

	4-9-1
	4-9-2
4-12-1	4-12-2

图 4-9-1　白僵菌致鳞翅目幼虫死亡状

图 4-9-2　寄生蝇寄生石榴茎窗蛾蛹

图 4-12-1　戴胜

图 4-12-2　喜鹊巢

4-12-3	4-12-4	图 4-12-3　大山雀
4-12-5		图 4-12-4　啄木鸟
		图 4-12-5　灰喜鹊
4-13-1	4-13-2	图 4-13-1　青蛙
		图 4-13-2　蟾蜍

5-1-1	5-1-2
5-2-1	

图 5-1-1 太阳能能源频振式杀虫灯

图 5-1-2 交流电源频振式杀虫灯

图 5-2-1 大棚内黄色黏虫板

5-3-1	5-3-2
5-3-3

图 5-3-1　黏虫带阻尺蠖上树
图 5-3-2　树干上黏虫带
图 5-3-3　树干上缠普通塑料薄膜阻虫

	5-5-1
5-4-1	5-6-1

5-6-2

图 5-4-1　涂捕虫圈

图 5-5-1　防虫网

图 5-6-1　盲蝽诱捕器

图 5-6-2　诱捕器

图 5-7-1　白色木浆纸袋
图 5-7-2　白色无纺布袋
图 5-7-3　双层纸袋
图 5-8-1　释放天敌寄生蜂

第 **1** 章

山楂病害诊断与防治

山楂炭疽病（图1-1-1至图1-1-5）

症状诊断 果实染病，病果表面初现淡褐色圆形病斑，后逐渐扩大，果肉软腐下陷，病斑颜色深浅交错，稍呈同心轮纹；以后病斑中央出现同心轮纹状排列且隆起的黑色小粒点，即病菌的分生孢子盘，当空气潮湿时，小粒点分泌绯红色黏液；一个果上有1至多个病斑，一个病斑可蔓延半个果面以上，重时致全果腐烂；病果失水后即成僵果脱落，极少挂在树上不落的；在运输、贮藏过程中温湿条件适宜，易造成带菌果实大量腐烂；病果带有苦味，不堪食用。枝条染病，初在表皮形成深褐色、不规则病斑，后病部溃烂龟裂，木质部外露，病斑表面也产生黑色小粒点，重时病部以上枝条枯死。果台染病，病部深褐色，自顶部由上向下蔓延，重者副梢不能抽出。

病原 为子囊菌门小丛壳菌。危害果实、枝条。

发病规律 病菌在病果、果台和干枯的枝条上越冬，翌年产生分生孢子，借风雨传播，由皮孔或直接侵入危害果实。一般于5月下旬至6月上旬开始发病，7~8月最为严重，9月中下旬为发病末期。高温高湿、果园郁闭严重、阴雨连绵的雨季易导致病害盛发和流行；刺槐是山楂炭疽病菌的中间寄主，周围有刺槐防护林的山楂树，发病重且早。

防治方法

农业防治 冬春季彻底剪除病枝和清理果园中残留的病果、病叶集中深埋或烧毁，以减少越冬菌源。病害始发期，仅个别枝上有病果，可以及时摘除，以减少再侵染菌源。

化学防治 ①春季山楂树发芽前喷洒一次铲除剂消灭越冬病原。可喷洒3%~5%重柴油乳剂或3~5波美度石硫合剂、1∶1∶100倍式波尔多液等，并兼治蚧、螨、蚜虫类害虫。②发病期防治。于发病初期及时喷洒农药，可用70%甲基硫菌灵可湿性粉剂700倍液或50%多菌灵可湿性粉剂600倍液、25%三唑酮可湿性粉剂1000~1500倍液、75%百菌清可湿性粉剂500倍液、80%炭疽福美可湿性粉剂700~800倍液、50%甲基硫菌灵·硫黄浮剂500倍液、2%农抗120水剂200倍液等。10~14天1次，连喷3~4次。③加强贮藏期管理。入库前剔除病虫果，注意控制贮藏场所的温湿度，发现病果，及时剔除。

山楂青霉病（图1-2-1）

症状诊断 主要危害生长后期及贮藏期的果实，引起果实腐烂，常在果面上产生浓绿的霉层，即病原菌的分生孢子梗和分生孢子，腐烂果实有一股霉味。

病原 为半知菌类常现青霉菌。危害果实。

发病规律　青霉菌分布很广，孢子借气流传播，也可通过接触等操作传染，病菌易从伤口侵入而致病。包装箱、贮藏室的带菌情况与发病轻重关系密切，25℃青霉病发生扩展最快，降低温度有一定抑制作用，病菌0℃下也能缓慢生长，在长期贮藏中可陆续出现腐烂。

防治方法

科学采收和贮藏　采收、分级包装及贮运过程中，尽可能减少机械伤口，剔除带有病伤果实；在贮藏中及时剔除病果，防止传染；合理控制藏室温湿度。

贮藏场所和包装箱严格消毒　也可用药剂熏蒸，方法是用硫黄粉2~2.5千克/100立方米掺适量锯末，点燃后封闭48小时；也可用12%福尔马林、4%漂白粉水溶液喷布熏蒸后密闭2~3天。然后通风启用。

贮藏前药剂处理果实　贮前用50%多菌灵可湿性粉剂500倍液或70%甲基硫菌灵可湿性粉剂600倍液、45%噻菌灵悬浮剂3000~4000倍液喷雾果实，同时还可兼防贮藏期的其他真菌性病害，喷药后凉干入库贮藏。

03　山楂轮纹病（图1-3-1）

症状诊断　病斑近圆形，初为红褐色，后为褐色，逐渐扩展为同心轮纹型病斑，病部果肉软腐，最终导致全果腐烂。枝干上病斑近圆形，中部突起，边缘开裂，上生黑色小粒点。

病原　有性阶段为子囊菌门，无性阶段为半知菌类。主要危害果实、枝干。

发病规律　病菌主要以菌丝和分生孢子器在枝干上越冬。在果实近成熟期或贮藏期发病，树势弱、多雨年份发病重。详细发病规律尚未见报道。

防治方法

农业防治　增施基肥、合理灌水、控氮增钾、合理负载、壮树抗病、减少枝干病瘤等，是防治轮纹病的治本措施。冬、夏剪除的病枯枝，及时运出果园烧毁。贮藏期及时剔除病果，防止传染健果。

化学防治　①清除病菌来源。发病初期刮治病瘤、病皮及翘皮，并涂抹50%多菌灵可湿性粉剂100倍液或70%甲基硫菌灵可湿性粉剂200倍液等，杀死病瘤内的潜伏病菌。②果树发芽前。全树喷布50%多菌灵可湿性粉剂100倍液或45%噻菌灵悬浮剂500倍液、40%代森铵水剂400倍液等。③果实喷药保护。从落花后10天左右开始喷药，到8月下旬至9月中旬喷药结束。在幼果期和果实膨大期喷布50%多菌灵可湿性粉剂600倍液或50%苯菌灵可湿性粉剂700~800倍液、40%氟硅唑乳油7000~8000倍液、80%代森锰锌可湿性粉剂600~800倍液等。7月中旬以后，喷布40%氟硅唑乳油7000~8000倍液加90%乙膦铝可湿性粉剂600倍液，或多菌灵加乙膦铝600倍液与波尔多液交替使用，共喷药3~4次。

04 山楂锈病（图1-4-1至图1-4-5）

症状诊断 叶片染病，初生直径1~2毫米的橘黄色小圆斑，后扩大致4~10毫米；病斑稍凹陷，表面产生铁锈色小粒点，即病菌性孢子器；发病后一月余叶背病斑突起，产生灰色至灰褐色毛状物，即锈孢子器，破裂后散出褐色锈孢子；最后病斑变黑，严重的干枯脱落。叶柄染病，初病部膨大，呈橙黄色，生毛状物，后变黑干枯，致叶早落。新梢染病，新芽布满锈斑影响正常生长。果实染病，病部稍凹陷，密生灰色至灰褐色毛状物，即锈孢子腔，果实生长停滞并畸形、早落。新梢、果柄、叶柄上病部发生龟裂，易被折断。

病原 有两种，分别为担子菌门梨胶锈菌山楂专化型和担子菌门珊瑚形胶锈菌，危害果、叶和新梢。

发病规律 以多年生菌丝在圆柏针叶、小枝及主干上部组织中越冬。翌年春形成冬孢子角，遇充足的雨水，冬孢子角胶化产生担孢子，借风雨传播、侵染危害，潜育期6~13天。3~4月间气温偏低、降雨多，风向风速适宜，容易引起该病发生和流行。展叶20天以内的幼叶易感病；展叶25天以上的叶片一般不再受侵染。目前国内绝大多数栽培品种均感病，仅山东的平邑红子和河南的7803、7903较抗病。

防治方法

农业防治 ①禁止在山楂园周围2.5~5千米范围内栽植圆柏类针叶树，若有应及早砍除。②清除冬孢子。不宜砍除圆柏时，山楂发芽前后，于圆柏上喷洒3~5波美度石硫合剂或45%晶体石硫合剂30倍液、1∶1∶150倍式波尔多液，以消灭转主寄主上的冬孢子。

化学防治 冬孢子角胶化前及胶化后（5月下旬至6月下旬）喷洒50%硫悬浮剂400倍液或15%三唑酮可湿性粉剂1000倍液、12.5%睇唑酮可湿性粉剂1500~2000倍液、15%三唑酮可湿性粉剂2000倍液+70%代森锰锌可湿性粉剂1000倍液、45%腈菌唑乳油2500倍液，15天左右1次，防治2~3次。

05 山楂花腐病（图1-5-1，图1-5-2）

症状诊断 叶芽染病，于芽萌动后展叶4~5天出现症状，幼叶初现褐色短线条状或点状斑，6~7天可扩展至病叶1/3~1/2，病斑红褐至棕褐色，病叶、嫩梢腐烂。花器染病，引起花腐脱落。幼果染病，多在落花10天后出现症状，2~3天即可使幼果变暗褐色腐烂，病果僵化形成菌核。

病原 有性态为子囊菌门山楂链核盘菌，无性态为半知菌类山楂褐腐串珠霉菌。主要于春季危害花器、幼叶和嫩梢。

发病规律 病菌以菌丝在病僵果上越冬，翌年春产生分生孢子，借风雨传播，孢子萌发后从伤口或皮孔侵入，果实成熟时或贮藏期发病。气温25℃，湿度大易发病，伤口多发病重。

防治方法

农业防治 冬春季彻底清除园内病僵果及枯枝落叶，深埋或烧毁，并翻耕园地土壤，消灭越冬菌源；雨后及时排水防止湿气滞留，减少病菌发病机会；合理修剪，减少伤口。科学采收，轻摘轻放，贮运时尽量避免挤压果实。

防虫治病 及时防治其他病虫害。

化学防治 ①发芽前在树冠下喷洒25%乙霉威可湿性粉剂1000~1500倍液或42%噻菌灵悬浮剂400~500倍液等。②发病前叶面喷洒15%三唑酮可湿性粉剂1000倍液或50%甲基硫菌灵·硫黄悬浮剂900倍液、70%百·福可湿性粉剂800倍液等。

06 山楂日灼病（图1-6-1）

症状诊断 于果实向阳面产生近圆形或不规则形的黄白色病斑，后期病斑略凹陷，黑褐色；病部仅限于果实表层，内部果肉不变色；在贮藏期间日灼病果实易为腐生菌污染而腐烂。受日灼的枝条半边干枯或全枝枯死。

病因 为生理性病害，是生长期果实受到强烈日光直接照射、引起果面局部表皮组织烧伤坏死。危害幼果和嫩枝。

发病规律 病害发生与天气、树势强弱、果实着生部位等有密切关系。夏季连日晴天、温度高，天气干旱、土壤缺水，果面受强烈日光照射，致使果皮的温度升高，蒸发消耗的水分过多，果皮细胞遭受高温而灼伤，故幼果和嫩枝易发生日灼病。树势强壮，枝叶茂盛，发病轻；树势衰弱，枝叶量小，果实外露，直接受光量大，发病严重。果实位于阳光照射强度大的方向如南及西南方向发病较重，东南方向次之，其他方向基本不发病。受日灼的果实和枝条，容易诱发病害的发生。

防治方法

农业防治 ①合理修剪、建立良好树体结构，使叶片分布合理，夏日利用叶片遮盖果实，防止烈日暴晒。②夏季高温期间果园适时灌水，以调节果园内的小气候；灌水后及时中耕，促根系活动，保持树体水分供应均衡。

化学防治 密切注意天气变化，如有可能出现发生日灼的炎热天气，于午前喷洒0.2%~0.3%磷酸二氢钾溶液或2%石灰乳液、清水，有一定的预防作用。

07 山楂裂果病（图1-7-1，图1-7-2）

症状诊断 果皮开裂露出果肉，主要有横裂、纵裂和三角形裂等3种方式。

果实开裂后，失去商品价值，并易招致霉菌侵染而发病。

病因　为生理性病害，自然因素影响所致。

发病规律　裂果主要发生在果实近成熟期。由于水分供应不均匀，或后期天气干旱，突然降雨或灌水，果树吸水后果实迅速膨大，果肉膨大速度快于果皮膨大而造成裂果。不同品种发病轻重不同。土壤有机质含量低、黏土地、通气性差、土壤板结、干旱缺水，裂果发生重。

防治方法

农业防治　改良土壤，增施有机肥，地面覆草、涵养土壤水分，合理适时浇水，避免果园大干大湿。果实成熟前期地面覆膜，控制土壤吸水量。果实成熟期遇雨后及时抢摘。

化学防治　对于历年裂果较重的园地，在未出现裂果前，喷洒浓度为0.03%的氯化钙水溶液或0.2%硼砂水溶液，可减轻裂果病的发生。

08　山楂叶斑病（图1-8-1，图1-8-2）

症状诊断　叶片染病后初生黄褐色圆形斑，渐变为红色，后变成灰褐色，边缘明显，分生孢子器成熟后，病斑上长出黑色小粒点。

病原　为半知菌类山楂生叶点霉菌。危害叶片。

发病规律　病菌以菌丝体、分生孢子器在病落叶上越冬。翌年4~5月在湿润的地面上产生大量分生孢子，借风雨传播侵染叶片。5~6月开始出现病斑，7~8月进入发病盛期。雨日多、降雨早的年份，发病早且重。春季干旱发病晚且轻。沿海、沿湖、地洼、雾露重、栽培过密、通透性不良的山楂园发病重；土壤黏重、长势弱的结果树发病也重。幼树、壮树发病轻。

防治方法

农业防治　秋末冬初及时清除园内枯枝落叶，集中烧毁或深埋，以减少菌源。加强果园综合管理，增施有机肥，科学修剪，旱浇涝排，增强树势，提高抗病力。

化学防治　发病初期及时喷洒50%多菌灵可湿性粉剂1000倍液或50%甲基硫菌灵·硫黄悬浮剂900倍液、78%代森锰锌·波尔多液可湿性粉剂500~600倍液、64%代森锰锌·恶霜灵可湿性粉剂400~500倍液、80%代森锌可湿性粉剂600~700倍液等。

09　山楂黑星病（图1-9-1）

症状诊断　发病初期，在叶背面叶脉间产生稀疏的霉状物，逐渐扩展为大小不等的不规则形暗褐色霉斑。叶片正面病斑部分呈不规则形的褪绿斑。发病严重时，霉斑互相连接成片，甚至布满叶片，导致叶片干枯早落。

病原 有性阶段为子囊菌类，无性阶段为半知菌类。主要危害叶片。

发病规律 此病的侵染循环尚不清楚。在辽宁地区发病初期为6月上旬，发病盛期为7月中下旬，9月份以后发病渐少，10月份病害停止发生。大多数山楂品种均能感病，但感病性有差异。多雨年份发病较重，山地果园较平地果园发病轻，成年树较幼苗发病轻。

防治方法

农业防治 秋末初冬清扫落叶，集中深埋或烧毁，减少越冬菌源。

化学防治 ①初见病斑时，立即喷洒40%氟硅唑乳油8000～10000倍液、12.5%腈菌唑乳油2000～3000倍液、10%恶醚唑水分散粒剂4000～6000倍液。②在雨季可喷洒68.75%恶醚唑酮水分散粒剂1000～1500倍液等。

⑩ 山楂枯梢病（图1-10-1，图1-10-2）

症状诊断 主要危害果桩，即果柄坐落处。染病初期，果桩由上而下变黑、干枯、缢缩，与健部形成明显界限；后期病部表皮下出现黑色粒状突起物，即病原菌分生孢子器和分生孢子座；后突破表皮外露，使表皮纵向开裂。翌年春病斑向下延伸，当环绕基部时，新梢即枯死。其上叶片萎蔫枯死，并残留树上不易脱落。

病原 无性态为半知菌类葡萄生壳梭孢菌；有性态为子囊菌门葡萄生小隐孢壳菌，又称枝枯病菌。危害果枝。

发病规律 病菌主要以菌丝体和分生孢子器在2～3年生果桩上越冬，翌年6～7月，遇雨释放分生孢子，侵染危害，多从2年生果桩入侵，形成病斑。越冬前果桩带菌最多。老龄树、弱树、修剪不当及管理不善发病重；树冠内膛病梢率高于外膛；此外，病害发生与否与当年生果桩基部的直径密切相关，直径0.3厘米以下，发病重；0.3～0.4厘米，发病较轻；0.4厘米以上，基本不发病。

防治方法

农业防治 加强栽培管理。合理修剪；采收后及时深翻土地，同时沟施基肥，每株100～200千克。早春发芽前15天，每株追施碳酸氢铵1～1.5千克或尿素0.25千克，施后浇水。

化学防治 铲除越冬菌源。发芽前喷45%晶体石硫合剂30倍液或1：1：100倍式波尔多液、3～5波美度石硫合剂、10%银果乳油500～600倍液等。发生期防治。5～6月间，进入雨季后喷洒62%噻菌灵可湿性粉剂800倍液或50%代森锰锌可湿性粉剂600～800倍液、36%甲基硫菌灵悬浮剂600～700倍液、50%多菌灵可湿性粉剂800倍液等，15天1次，连续防治2～3次。

⑪ 山楂腐烂病（图1-11-1，图1-11-2）

症状诊断　主要危害10年以上结果树的主干和主枝，也危害小枝、幼树和果实，分溃疡和枝枯两种类型。溃疡型：较多，这是夏季衰弱树和冬春季发病盛期表现的典型症状，春季病部外观呈圆形或长圆形、红褐色、质地松软的水渍状病斑，受压凹陷流出黄褐色或红褐色汁液，带有酒糟味；后期病部失水干缩、下陷，病键分界处产生裂缝，病皮变为暗色，病部长出许多疣状的黑色小粒点，雨后或天气潮湿时，从中涌出金黄色卷须丝状孢子角，遇水后消散；夏秋季在表皮上产生红褐色稍湿润的表面溃疡，大小1平方厘米至长宽达几十厘米，病部表皮糟烂、松软，后期病斑变干饼状稍凹陷；晚秋初冬，表面溃疡向内层扩展，形成红褐色至咖啡色坏死点，上覆白色菌丝团；入冬后继续扩展，导致大块树皮腐烂；当病斑扩大环切整个树干时，致病部以上树干和大枝枯死。枝枯型：春季发生在2~5年生小枝上或树势极度衰弱的树上，染病枝迅速失水干枯，重病树枝叶不茂，并呈现结果特多的异常现象，当病斑环绕干一周时，全枝乃至整株逐渐死亡。果实染病：初呈圆形或不规则形的红褐色轮纹，以黄褐色与红褐色深浅交替轮纹状向果心发展，病组织软腐，带有酒糟味，后期病斑中部散生或聚生大而突出果皮的小黑粒点，湿度大或遇雨水时，出现橘黄色的丝状孢子角。

病原　为子囊菌门黑腐皮壳菌。危害干枝。

发病规律　病菌以菌丝体、分生孢子器、子囊壳及孢子角在病树皮下或残枝干上越冬，翌春产生分生孢子，通过雨水和风传播，从伤口或死伤组织侵入，其中以冻伤为主。此病1年有2个发病高峰，即3~4月和8~9月，春季重于秋季。大小年幅度大的果园，发病严重、发病期长；有机肥缺乏或追施氮肥失调，果园低洼积水、土层瘠薄等导致树势衰弱，发病重。周期性的冻害易引发病害流行。

防治方法

加强栽培管理，增强树势，提高树体抗病力　①增施有机肥，合理施用氮、磷、钾肥。②严格疏花疏果，使树体负载适宜，杜绝大小年结果现象。③尽量减少各种伤口，避免修剪过度，禁止严冬修剪；剪伤口涂油漆防冻害。④防止早春干旱和雨季积水。

清除病残体，消灭越冬菌源　冬春季彻底清园，认真刮除树干老皮、干皮，剪除病枝，捡拾田间残留病果，集中烧毁或深埋。

树干涂白防冻害　初冬落叶后树干涂白，涂白剂配方：生石灰6千克、20波美度石硫合剂1千克、食盐1千克、清水18千克、动物油100克。

抹泥法　春季用树冠下面的泥土抹于病斑上，厚度3厘米以上，然后用塑料布扎住，可使病原菌失去活性。

重刮皮　5~6月用利刀将病部全部刮皮，露出白绿或黄白色皮层为止，皮层

中若有坏死斑也一律刮除。重刮皮可将多年积累的各种类型病变组织和侵染点彻底清除，不需要化学药剂保护，且可刺激树体产生愈伤组织，增强抗病力。

刮治和划道涂治病疤　刮治和涂治要深达木质部并连续进行3～5年。①刮治是在早春将病斑坏死组织彻底刮除，并刮掉病皮四周的一些好皮。②涂治是将病部用刀纵向刮0.5厘米宽的痕迹，然后于病部周围健康组织1厘米处划痕阻止病菌扩展。刮皮后涂抹5%菌毒清水剂100倍液、2%农抗120水剂20倍液、42%噻菌灵悬浮剂200倍液、无毒高脂膜10～20倍液、70%甲基硫菌灵可湿性粉剂30倍液、腐植酸铜、30%甲基硫菌灵糊剂等。

⑫ 山楂干腐病（图1-12-1，图1-12-2）

症状诊断　病斑多发生在主干及骨干枝的一侧。初期病斑紫红色，迅速向上下扩展蔓延，呈条带状。病部皮层腐烂，病键交界处开裂，其表面密生细小黑色小粒点。病树生长衰弱，发芽晚，结果小，叶色枯黄无光泽。病重时可导致树枝枯死或整株死亡。

病原　有性阶段为子囊菌类；无性阶段为半知菌类。主要危害枝干。

发病规律　病菌在枝干病斑组织内越冬，翌春产生孢子，随风雨传播，从伤口或皮孔侵入。病菌具有潜伏侵染特性，多半侵染极度衰弱的枝干或植株。4月份开始发病，5～6月份病斑扩展最快。土质瘠薄，施肥少，干旱缺水，管理粗放，易导致发病；伤口过多，冻害、日灼伤严重的易于发病；在土质差、缺肥缺水土壤上栽植的幼树于缓苗期更易发病，可造成幼树枯死。

防治方法

农业防治　栽植无病壮苗，加强肥水管理，防止冻害和日灼伤，缩短缓苗期；及时清除枯死树枝，刨除病死树，烧毁一切病残体；深翻扩穴，增施有机肥，实行节水灌溉，防止树体干旱失水。

化学防治　①发芽前喷布3～5波美度石硫合剂加五氯酚钠200～300倍液或25%双胍辛胺500～1000倍液。②治疗病斑。采取纵向划道割条的方法，涂抹腐霉利5倍液或腐植酸铜原液、5%菌毒清50～100倍液、3%双胍辛胺糊剂。涂抹伤口消毒剂时要多次涂布。务使药剂渗透到刀口内，最好用复方煤焦油保护伤口。

⑬ 山楂白纹羽病（图1-13-1）

症状诊断　染病后叶形变小、叶缘焦枯，小枝、大枝或全部枯死。根部缠绕白色至灰白色丝网状物，即病菌的根状菌索，地面根颈处产生灰白色薄绒状物，即菌膜。此病是引起老弱树死亡的主要原因。

病原　有性态为子囊菌门褐座坚壳菌；无性态为半知菌类白纹羽束丝菌。

危害根系。

发病规律 主要以残留在病根上的菌丝、根状菌索或菌核在土壤中越冬。条件适宜时菌核或根状菌索长出营养菌丝，从根部表皮皮孔侵入，病菌先侵染新根的柔软组织，后逐渐蔓延至大根，被害细根霉烂甚至消失。病菌通过病健部接触或通过带病苗木远距离传播。多在7~9月发病。果园或苗圃低洼潮湿、排水不良发病重，湿度影响最大；栽植过密、定植太深、培土过厚、耕作时伤根、管理不善等易造成树势衰弱，土壤有机质缺乏、酸性强等可引发此病发生。

防治方法

彻底铲除病苗，选栽无病苗木 不在带病苗圃育苗；建园时选栽无病苗木，为防苗木带菌，可用10%硫酸铜溶液或2%石灰水、70%甲基硫菌灵可湿性粉剂500倍液浸1小时，或用47℃恒温水浸40分钟、45℃恒温水浸渍1小时，以杀死苗木根部病菌，栽植时嫁接口露出地表，以防土壤中病菌从接口侵入。

挖沟隔离 在病株或病区外挖1米以上的深沟进行封锁，防止病害向四周蔓延。

加强栽培管理，增强树势，提高抗病力 采用配方施肥技术，增施有机肥，合理配比施用氮、磷、钾；注意雨后及时排水，防止果园渍害；科学修剪，疏花疏果，合理负载，防止大小年现象。

防虫治病 加强其他病虫害的防治。

病树治疗 经常检查树体地上部的生长情况，如发现果树生长衰弱，叶形变小或叶色褪绿等症状时，及时扒开根部周围土壤进行检查确定根部有病后：①先将已霉烂的根切除；②用401抗菌剂50倍液或1%硫酸铜液、70%甲基硫菌灵可湿性粉剂600倍液、50%代森锌500倍液或50%退菌特250~300倍液、硫酸铜100倍液、10%石灰乳涂抹伤口杀菌；③再于根部土壤上浇灌药液或撒施药粉防治，可用40%五氯酚钠可湿性粉剂1千克加细干土40~50千克混匀后撒施于根颈部或用上述药液以合理浓度浇灌病根部周围土壤中；④刮除的病部和切除的霉根及从根颈周围扒出的土壤，携出园外，并换上无病菌的新土覆盖根部。病株处理上半年在4~5月间进行，下半年在9月份进行，或在果树休眠期进行，但要避免在7~8月高温干燥的夏季扒土施药。病树处理后，应增施肥料，如尿素和腐熟的人粪尿等，以促使新根产生，加快树势恢复。

(14) **山楂圆斑根腐病**（图1-14-1）

症状诊断 须根先变褐枯死，围绕须根基部产生红褐色圆形病斑，后扩展到肉质根。严重时病斑融合，深达木质部，致整段根变黑死亡，继而引起地上部树体枯死，是引起树体枯死重要原因之一。

病原 由多种镰刀菌侵染所致，均为半知菌类真菌。主要有腐皮镰刀菌、尖孢镰刀菌、弯角镰刀菌。

发病规律　三种镰刀菌均为土壤习居菌或半习居菌，可在土壤中长期营腐生生活。当山楂树根系生长衰弱时，病菌侵入根部发病。果园土壤黏重板结、盐碱过重、长期干旱缺肥、水土流失严重、大小年现象严重及管理不当的果园发病较重。

防治方法

加强栽培管理，增强树势，提高抗病力　旱浇涝排防止果园渍害；冬春季适时深翻果园，生长季节及时中耕锄草和保墒，改良土壤结构，防止水土流失；科学修剪，调节树体结果量，控制大小年；增施有机肥，合理配比施用氮、磷、钾肥。

药剂灌根　在早春或夏末病菌活动期，以树体为中心，挖深70厘米、宽30~45厘米的辐射沟3~5条，长以树冠投影外缘为准，浇灌50%甲基硫菌灵·硫黄悬浮剂1000倍液或20%甲基立枯磷乳油1200倍液、40%甲醛100倍液、50%腐霉利可湿性粉剂1000~1500倍液、65%硫菌·霉威可湿性粉剂600~800倍液等，施药后覆土。

晾根刮治病斑　春、秋扒土晾至大根，并刮除病部或截除病根，晾根期间避免树穴内灌入水或雨淋。晾7~10天后，用1：1：100倍式波尔多液或3~5波美度石硫合剂、45%晶体石硫合剂30倍液灌根，或在伤口处涂抹50%多菌灵或47%春雷霉素·王铜可湿性粉剂300~400倍液、4%春雷霉素可湿性粉剂200~300倍液等。

⑮　山楂根朽病（图1-15-1，图1-15-2）

症状诊断　病斑不规则形，红褐色，皮层松软，皮层与木质部之间充满白色至淡黄色的扇状菌丝层，将皮层分离为多层薄片。在黑暗处病组织可发出蓝色荧光。发病初期仅皮层溃烂，后期木质部也腐朽。高温多雨季节，在树根颈部及露出土面的病根上常有丛生米黄色蘑菇状子实体。

病原　为担子菌类。主要危害根颈和主根。

发病规律　病菌在病树根部或随病残组织在土壤中越冬，主要靠病根与健根的接触和病残组织的转移传播，一般幼树很少发病，盛果期的树尤其是老树受害重。

防治方法

农业防治　①深翻扩穴，增施有机肥，埋压绿肥，改善土壤理化性状。②在果园内初见病株时，在其周围挖1米以上的深沟，防止病菌向邻近健树传播蔓延。③对将要死亡或已经枯死的树应尽早挖除，并彻底清除病残根，对病穴土壤浇灌40%甲醛100倍液或五氯酚钠150倍液，进行土壤消毒。

化学防治　切除已腐朽病根，将病根及其周围土壤清除出园外，并换上无病新土，用40%甲醛100倍液浇灌根部周围土壤。施入有机肥及草木灰，覆土整平。

16　山楂干枯病（图1-16-1）

症状诊断　病斑为不规则形，红褐色，皮层变褐腐烂。病斑扩展迅速，枝干枯死。病斑表面密生灰黑色小粒点。病株生长衰弱，发病严重时可使整株枯死。

病原　无性阶段为半知菌类。主要危害幼树主干。

发病规律　病菌在病斑树皮内越冬，翌春继续活动危害，产生孢子，随风雨传播，从伤口、皮孔侵入。3~4月份开始发病，5~6月份发病较多，病斑扩展迅速，夏季发病减缓。果园管理粗放、树势衰弱、冻害及日灼伤严重、修剪过重、伤口过多，均有利于此病发生。

防治方法

农业防治　①加强栽培管理，增施有机肥，促使树势健壮，增强抗病抗寒能力。②注意保护树体，防止伤口过多。③枝干涂白，防止日灼伤。④及时剪除病枯枝，刨除病死树，集中烧毁，减少病菌来源。

化学防治　①发芽前喷布3~5波美度石硫合剂加五氯酚钠200~300倍液或25%双胍辛胺500~1000倍液。②治疗病斑。采取纵向划道割条的方法，涂抹腐霉利5倍液或腐植酸铜原液、5%菌毒清50~100倍液、3%双胍辛胺糊剂。涂抹伤口消毒剂时要多次涂布。务使药剂渗透到刀口内，最好用复方煤焦油保护伤口。

17　山楂白粉病（图1-17-1，图1-17-2）

症状诊断　幼果染病，果面覆盖一层白色粉状物，病部硬化、龟裂，导致畸形；果实近成熟期受害，产生红褐色病斑，果面粗糙。叶片染病，初在叶正、背面产生白色粉状斑，严重时白粉覆盖整个叶片，表面长出黑色小粒点，即病菌闭囊壳。新梢染病，初生粉红色病斑，后期病部布满白粉，新梢生长衰弱或节间缩短，其上叶片扭曲纵卷，严重的枯死。

病原　有性态为子囊菌门叉丝单囊壳菌；无性态为半知菌类山楂粉孢霉菌。又称弯脖子病、花脸病。危害果、叶和新梢。

发病规律　以闭囊壳在病叶或病果上越冬，翌年春释放子囊孢子，先侵染树冠下部，并产生大量分生孢子，借气流传播进行再侵染。春季温暖干旱、夏季多雨凉爽的年份病害流行；偏施氮肥，栽植过密发病重；实生苗易感病。

防治方法

农业防治　加强栽培管理，增施有机肥，避免偏施氮肥；合理灌水，保持园地土壤水分适宜；合理疏花、疏叶。冬春季彻底清除树上树下枯叶、残果，并集中烧毁或深埋，清除越冬菌源。

化学防治 ①发芽前喷洒45%晶体石硫合剂30倍液或2~3波美度石硫合剂。②落花后和幼果期喷洒62.25%腈菌唑·代森锰锌可湿性粉剂600倍液或45%晶体石硫合剂300倍液、50%甲基硫菌灵·硫黄悬浮剂800倍液、50%硫悬浮剂300倍液、20%三唑酮可湿性粉剂1000倍液、12.5%腈菌唑乳油2500倍液、47%春雷霉素·王铜可湿性粉剂500~800倍液等，15~20天1次，连续防治2~3次。

18 山楂丛枝病（图1-18-1）

症状诊断 染病树早春发芽迟，较正常植株晚1周左右，无明显节间枝条，致小叶簇生或黄化，病枝由上向下逐渐枯死或花器萎缩退化，花芽不能正常抽出果枝或花小畸形，花多由白色变成粉红色至紫红色，不结果。病株根部萌生蘖条易带病，移栽后显症，1~2年内枯死。

病原 为山楂植物菌原体。危害花、芽、枝。

发病规律 可能与椿象、叶蝉、蚜虫等刺吸式口昆虫在病、健树上危害、交互传染有关，其自然扩散存在初次侵染源，其分布特点常在发病严重地块有几棵山楂树同时感病，呈点片状分布。

防治方法

培育无病苗木 ①在无病区采取接穗、接芽。②接穗消毒，对于带病接穗，用1000毫克/千克盐酸四环霉素液浸泡半小时可消毒灭病。③苗木培育时可喷洒盐酸土霉素溶液500~1000毫升/千克，连喷3次有效果；苗圃中一旦发现病苗，立即拔除。

铲除病树，防止传染 及时彻底刨除病树，消灭早期传染中心；刨除病树时，应将大根一起刨净，以免萌发。

加强果园管理 增施有机肥、碱性肥，适时灌水，增强树势，提高抗病能力。

主干环剥 由于病菌在树干内传导具方向性，可在春季树液流动前，在树主干的中下部进行环状剥皮，宽3~5厘米，阻止病菌由下向上蔓延。

防虫治病 及时防治叶蝉、椿象、蚜虫等刺吸式口器昆虫，防止传病。

灌药防病 4月、8月在病枝同侧树干钻2~3个孔，深达木质部，将薄荷水50克、龙骨粉100克、铜绿50克研成细粉，混匀后注入孔内，每孔3克，再用木楔钉紧，用泥封闭，杀灭病体，根治病害。

涂去疯灵 春季发芽前，于树干基部开一个环状小槽，深达韧皮部一半，将药液灌入槽内，用塑料薄膜包扎严密，隔1个月再涂1次。树粗20厘米施8克，40厘米施16克，疗效较好。

19 山楂立枯病（图1-19-1，图1-19-2）

症状诊断 由于侵染时期不同，有猝倒和立枯两种类型。幼苗刚出土，组织幼嫩时感病，在根颈处发生水渍状病斑，幼苗倒伏，即为猝倒型。在幼苗组织已木质化后发病，根部腐烂，茎叶枯黄，但不倒伏，则为立枯型。

病原 为半知菌类立枯丝核菌。主要危害幼苗。

发病规律 病菌以菌丝体或菌核在土壤中或病残体上越冬。随流水、肥料等传播。低温潮湿、土壤板结容易加重病情；塑料大棚育苗以及幼苗过密时发病较重，用锯末育苗发病则轻。

防治方法

农业防治 选地育苗。选择壤土或砂壤土质、富含有机质的园地育苗，避免和瓜类、豆类及前茬山楂苗圃地重茬。

化学防治 ①拌种或浸种。用50%福美双可湿性粉剂600倍液或25%多菌灵可湿性粉剂500倍液、40%福·多可湿性粉剂400倍液等拌种；或用0.5%黑矾水浸种5分钟。②在幼苗出土20天后，严格控制灌水。③幼苗期喷药防治。在幼苗2~3个真叶和4~5个真叶时，分别灌施1%硫酸亚铁液。发病初期，用50%多·硫悬浮剂1000倍液或70%甲·福可湿性粉剂800倍液、70%代森锰锌可湿性粉剂1200倍液等喷雾防治。

20 山楂缺铁症

症状诊断 又称"黄叶病"，在刚展叶时叶片尚为绿色，当新梢速长期和展叶期，生长发育所需铁元素增加而土壤供应不足时出现症状。首先是新梢叶片叶肉部分变黄而叶脉仍为绿色，逐渐全叶变黄，严重时叶片黄化部分坏死，梢部枯死；病树枝条不充实，不易成花；病果果实鲜红，而正常树果实暗红色。

病因 为生理性病害。当土壤过碱和含有多量碳酸钙以及土壤湿度过大时，使可溶性铁变为不溶性状态，植株无法吸收，导致树体缺铁。可造成叶片组织坏死或落叶。

防治方法

改良土壤，释放被固定的铁元素 是防治缺铁症的根本性措施。通过增施有机肥，种植绿肥等措施，增加土壤有机质含量，改变土壤的理化性质，释放被固定的铁。盐碱地通过挖沟排水、降低地下水等措施，改土治碱；黏土地通过掺沙改黏、增加土壤透水性等措施改良土壤。

补充铁素 ①将3%硫酸亚铁与饼肥或牛粪混合施用。方法是：将0.5千克硫酸亚铁溶于水中，与5千克饼肥或50千克牛粪混匀后施入根部，有效期约半年。②把3%硫酸亚铁与有机肥按1∶5的比例混合，每株施用2.5~5千克，效果达2年以上。③发芽前枝干喷洒0.3%~0.5%的硫酸亚铁溶液，或喷洒硫酸亚铁1份+硫酸铜1份+生石灰2.5份+水360份混合液。④发病初期叶面喷洒0.4%硫酸亚铁溶液，7~10天1次，连喷2~3次。

㉑ 山楂休眠期病害防治历

日期	防治对象	防治方法
11月至翌年3月	消灭多种病害的越冬病菌	1. 清洁果园。落叶后解除草把、刮除老树皮、剪除病虫死枝，彻底清扫枯枝落叶和落地病虫僵果，深埋或烧毁，减少越冬菌源 2. 树干刮皮后涂白。涂白剂配比：石硫合剂原液3~5份，食盐1份，生石灰10份，水30份。于封冻前和3月份各进行1次 3. 11月下旬和3月下旬全树各喷一次3~5波美度石硫合剂或50%福美双可湿性粉剂600倍液、1∶1∶100倍波尔多液、45%晶体石硫合剂30倍液等。发芽前喷药对消灭越冬菌源非常关键，如用药适当及时病害就能基本控制 4. 结合耕翻树盘，清除根颈部病菌子实体深埋或烧毁。丛枝病重症树彻底挖除 5. 增施有机肥。采用配方施肥技术，合理配比施用氮、磷、钾，增强树势，提高抗病能力 6. 科学修剪，避免"朝天疤"，剪后用石硫合剂或波尔多液等涂抹伤口，减少病菌侵染机会 7. 挖沟隔离。在病株或病区外挖1米以上的深沟进行封锁，防止白绢病、根朽病等根部病害向四周蔓延，并用多菌灵、甲基硫菌灵、代森锌、代森锰锌、百菌清、三唑酮、氢氧化铜、腈菌唑等广谱性杀菌剂处理病根 8. 对于缺素症果园，施基肥时有针对性地补充缺素。缺钙每亩施过磷酸钙30~50千克；缺锌株施硫酸铜锌200克；缺铁可在有机肥中混入适量硫酸亚铁 9. 病斑涂药防治干腐病和干枯病。3月中下旬刮去病斑上死皮，涂抹腐必清悬浮剂5倍液或腐植酸铜原液、5%菌毒清可湿性粉剂50~100倍液、3%双胍辛胺糊剂等。涂药后用复方煤焦油保护伤口

㉒ 山楂生长期病害防治历

日期	防治对象	防治方法
4月	锈病、花腐病、腐烂病、干腐病、叶斑病、干枯病、圆斑根腐病、立枯病、丛枝病等	1. 树体喷洒广谱性杀菌剂多菌灵、甲基硫菌灵、代森锌、代森锰锌、百菌清、三唑酮、烯唑酮、氢氧化铜、腈菌唑等菌剂,严格控制使用浓度,以低浓度为好。大棚育苗要注意棚内温湿度,及时通风换气,防止立枯病发生 2. 药剂灌根防根部病害。以树干为中心,挖深70厘米、宽30~45厘米的辐射沟3~5条,长以树冠投影外缘为准,浇灌上述药液的合理浓度后覆土;或用40%五氯酚钠可湿性粉剂1千克加细干土40~50千克混匀后撒施于根颈部 3. 灌药防丛枝病。4月、8月在病枝同侧树干钻2~3个孔,深达木质部,将薄荷水50克、龙骨粉100克、铜绿50克研成细粉,混匀后注入孔内,每孔3克,再用木楔钉紧,用泥封闭
5月	花腐病、锈病、叶斑病、丛枝病、干腐病、干枯病、炭疽病、白粉病、立枯病等	1. 雨后及时排水防湿气滞留,减少病菌发生条件 2. 树冠下地面喷洒25%乙霉威可湿性粉剂1000~1500倍液或42%噻菌灵悬浮剂400~500倍液等 3. 初花期喷洒1∶1∶300倍式波尔多液或30%王铜悬浮剂500倍液 4. 叶面喷洒15%三唑酮可湿性粉剂1000倍液或50%甲基硫菌灵·硫黄悬浮剂1000倍液、70%百·福可湿性粉剂800倍液、70%甲基硫菌灵可湿性粉剂700倍液、50%多菌灵可湿性粉剂600倍液、75%百菌清可湿性粉剂500倍液、80%炭疽福美可湿性粉剂700~800倍液、2%农抗120水剂200倍液等,10~15天1次,连喷1~2次

日期	防治对象	防治方法
6月	花腐病、炭疽病、白粉病、叶斑病、黑星病、枯梢病、干腐病、干枯病、立枯病等	1. 疏花疏果，防止大小年，合理负载，保持树体健壮生长。雨后及时排水，降低果园湿度 2. 花期喷洒70%甲基硫菌灵可湿性粉剂800~1000倍液或50%多菌灵可湿性粉剂800倍液、80%代森锰锌可湿性粉剂600倍液、15%三唑酮可湿性粉剂1000倍液等 3. 落花70%时喷洒0.5波美度石硫合剂疏除晚花，兼治白粉、炭疽和黑星病等 4. 于落花后喷洒50%多菌灵可湿性粉剂700倍液或30%王铜悬浮剂800倍液或1:0.5:200倍波尔多液等预防果实病害
7月	炭疽病、白粉病、花腐病、日灼病、叶斑病、黑星病、枯梢病、白纹羽病等	1. 旱浇涝排，保持果树水分供应平衡 2. 必要时干旱晴热天气向叶面喷洒微肥壮树防病 3. 上旬喷洒1:(2~3):200倍波尔多液;72%农用链霉素可溶性粉剂800倍液，或3%中生菌素可湿性粉剂600~800倍液等，主治真菌和细菌病害 4. 中旬喷洒15%三唑酮可湿性粉剂1000倍液或80%炭疽福美可湿性粉剂700~800倍液、70%甲基硫菌灵可湿性粉剂800倍液、40%氟硅唑乳油600倍液、12.5%腈菌唑乳油2000~3000倍液、30%王铜悬浮剂500倍液、70%代森锰锌可湿性粉剂500倍液、75%百菌清可湿性粉剂600倍液、50%百·硫悬浮剂500倍液、80%碱式硫酸铜400倍液等1~2次，10~15天1次，防治果实及叶部病害 5. 发现枯梢病发病新梢及时剪除

日期	防治对象	防治方法
8月	炭疽病、白粉病、日灼病、叶斑病、腐烂病、白纹羽病、丛枝病等	1. 旱浇涝排,保持果树水分供应平衡 2. 上旬喷洒1次1:2:200倍波尔多液或10%农用链霉素可湿性粉剂1000倍液防治叶斑病 3. 中旬喷洒80%炭疽福美可湿性粉剂700~800倍液或50%甲基硫菌灵·硫黄悬浮剂500倍液;65%代森锌可湿性粉剂500倍液或75%百菌清可湿性粉剂500~600倍液、50%多菌灵可湿性粉剂600倍液;70%甲基硫菌灵可湿性粉剂或70%代森猛锌可湿性粉剂700倍液、25%腈菌唑乳油2000~3000倍液等,防治果实及叶部病害 4. 灌药防丛枝病。避开春季灌药部位,在树干上钻2~3个孔,深达木质部,将薄荷水50克、龙骨粉100克、铜绿50克研成细粉,混匀后注入孔内,每孔3克,再用木楔钉紧,用泥封闭。分于4月、8月进行2次防治,效果较好
9月	轮纹病、青霉病、炭疽病、叶斑病、腐烂病、白纹羽病、裂果症等	1. 雨后及时排水,防止果园湿气滞留,减少病菌发生条件 2. 上旬喷洒1次70%百菌清可湿性粉剂800倍液或链霉素1000倍液 3. 中下旬喷洒1次1:1:200倍波尔多液或68.5%多氧霉素1000倍液、70%代森锰锌可湿性粉剂800倍液、75%乙霉威可湿性粉剂500~600倍液、50%腐霉利可湿性粉剂2000倍液、50%乙烯菌核利可湿性粉剂800倍液、50%多菌灵可湿性粉剂600倍液、70%甲基硫菌灵可湿性粉剂1000倍液等,防病保叶和防止采前落果 4. 下旬喷洒1次400倍液氯化纳水溶液,防裂果 5. 药剂灌根防根部病害。以树干为中心,挖深70厘米、宽30~45厘米的辐射沟3~5条,长以树冠投影外缘为准,浇灌上述药液的合理浓度后覆土。或用40%五氯酚钠可湿性粉剂1千克加细干土40~50千克混匀后撒施于根颈部并浅锄表土
10月	轮纹病、青霉病等果实和叶部病害	1. 采果后树体喷洒一遍30%王铜悬浮剂或50%福美双可湿性粉剂1000倍液、70%甲基硫菌灵可湿性粉剂800倍液或1:1:200倍波尔多液+0.3%尿素液 2. 采果前20天停止使用农药

第2章

山楂害虫诊断与防治

01 山楂小食心虫（图2-1-1至图2-1-4）

属鳞翅目卷叶蛾科。

分布与寄主

分布　全国山楂产区。

寄主　山楂。

危害特点　幼虫蛀果危害，蛀果前常在果面吐丝结网，于网下蛀入果内果核附近，取食近核处果肉，果孔处流出泪珠状果胶，受害果内有大量虫粪。幼果被蛀多脱落，成长果被蛀部分脱落，对产量与品质影响极大。

形态诊断　成虫：体长6~7毫米，翅展10~15毫米，暗灰褐色至深褐色；前翅长方形，前缘具7~8组白斜短纹，每组由2条组成；近外缘处排列着7~8个与外缘平行的棒状黑纹，翅面散生小白斑。卵：椭圆形，0.56毫米×0.4毫米，初黄色渐变红色。幼虫：体长6~7毫米，浅黄白色，头部深棕黄色。蛹：长7毫米，黄褐色。

发生规律　辽宁1年发生2代，以老熟幼虫蛀入干枯枝中或树皮缝、剪锯口裂缝中结茧越冬。4月中旬至5月中旬化蛹。5月中旬至6月初成虫羽化，成虫有趋光性。卵产于果实萼洼处，卵期5~7天，初孵幼虫从果面蛀入，6月下旬至7月上旬幼虫老熟脱果，爬至树干缝隙或枯枝中化蛹。8月初至9月上中旬进入第二代卵期，9月下旬至10月中旬，第二代幼虫老熟脱果越冬。天敌有食心虫白茧蜂等4种。

防治方法

农业防治　冬春季彻底剪除病虫枯枝，集中销毁；用硬刷子刮刷干枝皮缝，并用涂白剂涂干。

物理防治　成虫发生期利用黑光灯、糖醋液诱杀成虫。

生物防治　利用天敌防治害虫。

化学防治　卵孵化盛期至低龄幼虫期，喷洒25%灭幼脲3号悬浮剂或50%杀螟硫磷乳油、50%辛硫磷乳油、25%除虫脲悬浮剂1000倍液；5.7%氟氯氰菊酯乳油3000倍液或20%氰戊菊酯乳油2500倍液、2.5%溴氰菊酯乳油2000倍液、20%甲氰菊酯乳油2500~3000倍液、50%二嗪磷乳油1500倍液等。

02 山楂萤叶甲（图2-2-1至图2-2-3）

属鞘翅目叶甲科。又名黄皮牛。

分布与寄主

分布　全国山楂产区。

寄主 山楂。

危害特点 成虫食芽、叶和花蕾，致花蕾脱落，枝条延长生长停止；幼虫蛀食幼果，致大量落果，严重的造成绝产。

形态诊断 成虫：体长5~7毫米，宽3~3.5毫米，长椭圆形，后端略膨大，体背布粗点刻。雌雄异型：雌虫橙黄色至淡黄褐色，胸部腹面色暗，触角、足黑褐色；雄虫头、触角、前胸背板、胸部腹面和小盾片及足均为黑褐色，鞘翅、腹部橙黄色至淡黄褐色，鞘薄半透明；各爪分2叉。卵：球形，直径0.75毫米左右，初土黄色渐至淡黄白色。幼虫：体长8~10毫米，头窄于前胸，米黄色，头部及各体节毛瘤、前胸盾和胸足外侧及第九腹节背板均为黑褐色；胴部13节。蛹：椭圆形，长6~7毫米，宽3.8~4.1毫米，初淡黄色渐与成虫体色近似。

发生规律 1年发生1代，以成虫于树冠下土中越冬。翌春越冬成虫于山楂芽膨大露绿时开始出土上树危害，当气温达11℃、山楂花序露出时为出土盛期，4月中旬至5月上旬产卵。成虫出土后寿命30~40天，多在10：00~17：00活动，食害芽、叶及花蕾，有假死性。卵散产于果枝、叶柄、果柄、叶花、萼片、幼果上。卵期20~30天，5月中下旬落花期，幼虫孵化并蛀果危害，被蛀果终至脱落，6月下旬老熟幼虫脱果于树下10~20厘米土层中，做蛹室化蛹，羽化后不出土即越冬。

防治方法

农业防治 冬春季深翻树盘，利用低温和鸟食消灭越冬成虫。5月下旬至6月下旬及时清除落果，集中销毁，消灭未脱果幼虫。

化学防治 ①地面药剂防治。于山楂芽膨大、成虫出土期，在距树干1米范围内施药治虫，每亩用50%辛硫磷颗粒剂5~7.5千克或50%辛硫磷乳剂0.5千克与50千克细沙土混合均匀撒入树冠下，或50%辛硫磷乳油800倍液对树冠下土壤喷雾。施用后，将地面用齿耙或锄来回耧耙几次，深5~10厘米，使药土混合，提高防治效果。②树上药剂防治。在卵孵化前后，树体喷洒2.5%溴氰菊酯乳油或20%氰戊菊酯乳油3000倍液；10%氯氰菊酯乳油或20%中西除虫菊酯乳油2000倍液；50%仲丁威乳油1000~1500倍液、50%辛·溴乳油1500~2000倍液等。

03 桃蛀螟（图2-3-1至图2-3-7）

属鳞翅目螟蛾科。又名桃蛀野螟、桃斑螟、桃实螟、桃果蠹、桃蠹螟、桃蠹心虫、桃蛀心虫、桃实虫、桃野螟蛾、桃斑纹野螟蛾、果斑螟蛾、豹纹蛾、豹纹斑螟。

分布与寄主

分布 全国各产区。

寄主 梨、桃、山楂、核桃、柿、杏、石榴、板栗等果树。

危害特点 幼虫从果与果、果与叶、果与枝的接触处钻入果实危害。果实内充满虫粪，致果实腐烂并造成落果或干果挂在树上。

形态诊断 成虫：体长10~12毫米，翅展24~26毫米，全体金黄色；胸、腹部及翅上都具有黑色斑点；触角丝状；雌蛾腹部末节呈圆锥形，雄蛾腹部末端有黑色毛丛。卵：椭圆形，长0.6~0.7毫米，乳白至红褐色。幼虫：体长22~25毫米，头部暗黑色，胸部暗红色或淡灰或浅灰蓝色，腹面淡绿色；前胸背板深褐色；中、后胸及第一至八腹节各有排成2列的大小毛片8个，前列6个后列2个。蛹：褐色或淡褐色，长约13毫米。

发生规律 黄淮地区1年发生4代，以老熟幼虫或蛹在僵果中、树皮裂缝、堆果场及残枝败叶中越冬。4月上旬越冬幼虫化蛹，下旬羽化产卵；5月中旬发生第一代；7月上旬发生第二代；8月上旬发生第三代；9月上旬为第四代，而后以老熟幼虫或蛹越冬。成虫昼伏夜出，对黑光灯趋性强，对糖醋液也有趋性。卵散产于两果相并处和枝叶遮盖的果面或梗洼上，卵期7天左右。幼虫世代重叠严重，尤以第一、二代重叠常见，以第二代危害重。

防治方法

农业防治 冬春季彻底清理树上、树下干僵果及园内枯枝落叶和刮除翘裂的树皮，清除果园周围的玉米、高粱、向日葵、蓖麻等遗株深埋或烧毁，消灭越冬幼虫及蛹。

物理防治 在果园内点黑光灯或放置糖醋液诱杀成虫。种植诱集作物诱杀。根据桃蛀螟对玉米、高粱、向日葵趋性强的特性，在果园内或四周种诱集作物，集中诱杀。一般每亩种植玉米、高粱或向日葵20~30株。

化学防治 掌握在桃蛀螟第一、二代成虫产卵高峰期的6月20日至7月30日间喷药，施药3~5次，叶面喷洒90%晶体敌百虫800~1000倍液或 20%氰戊菊酯乳油1500~2000倍液、2.5%溴氰菊酯乳油2000~3000倍液、50%辛硫磷乳油1000倍液等。

04 李小食心虫 (图2-4-1至图2-4-3)

属鳞翅目卷蛾科。又名李小蠹蛾。

分布与寄主

分布 长江以北产区。

寄主 李、山楂、樱桃、桃、杏等果树。

危害特点 幼虫蛀果危害，蛀果前在果面吐丝结网，于网下蛀入果内果核附近，取食近核处果肉，果孔处流出泪珠状果胶，受害果内有大量虫粪，粪中无蛹壳。幼果被蛀多脱落，成长果被蛀部分脱落，对产量与品质影响极大。

形态诊断 成虫：体长4.5~7毫米，翅展11~14毫米，体背灰褐色，腹面灰白灰；前翅狭长烟灰色，翅面密布小白点，在近顶角和外缘，白点排成较整齐的横纹，缘毛灰褐色；后翅淡烟灰色，缘毛灰白色。卵：扁平圆形，长0.6~0.7毫米，淡黄色。幼虫：体长12毫米左右，桃红色，腹面色淡；头、前胸盾黄褐色，臀板淡黄褐或桃红色。蛹：长6~7毫米，暗褐色。茧：长10毫米，纺锤形，污白色。

发生规律　1年发生1~4代，多数地区2~3代。均以老熟幼虫在树干周围土中、杂草等植被下及树皮裂缝中结茧越冬。各地成虫发生期：辽西越冬代5月中旬，第一代6月中下旬，第二代7月中下旬；山西忻州越冬代4月上旬至5月上旬，第一代5月下旬至6月下旬，第二代6月中旬至8月上旬，第三代7月下旬至8月下旬。成虫昼伏夜出，有趋光和趋化性；卵散产于果面上，卵期4~7天。孵化后即蛀果，果核未硬直入果心，被害果极易脱落，部分幼虫蛀果2~3天即转果，约经15天老熟脱果，于树皮缝、表土内结茧化蛹。第二代幼虫蛀食果肉至蛀孔流胶，被害果多不脱落，幼虫危害20余天老熟脱果，部分结茧越冬，发生3代者继续化蛹。第3~4代幼虫多从果梗基部蛀入，被害果多早熟脱落，末代幼虫老熟后脱果结茧越冬。天敌有食心虫白茧蜂等4种。

防治方法

物理防治　成虫发生期利用黑光灯、糖醋液诱杀成虫。

生物防治　利用天敌防治害虫。

落花后越冬代成虫羽化出土前防治　①于树盘压土6~10厘米厚拍实，使成虫不能出土，待成虫羽化完毕及时撒土防止果树翻根。②在树冠下以干周半径1米范围内地面撒药，毒杀羽化成虫，可喷洒50%辛硫磷乳油1000倍液、20%氰戊菊酯乳油或2.5%溴氰菊酯乳油2000倍液等。

卵孵化盛期至低龄幼虫期药剂防治　喷洒25%除虫脲悬浮剂或50%杀螟硫磷乳油、25%灭幼脲乳油1000倍液、5.7%氟氯氰菊酯乳油3000倍液等。

05　**桃小食心虫**（图2-5-1至图2-5-7）

鳞翅目蛀果蛾科。又名桃蛀果蛾，桃小实虫、桃蛀虫、桃小食蛾、桃姬食心虫。简称桃小，俗称"豆沙馅""枣蛆"。

分布与寄主

分布　我国各山楂产区。

寄主　桃、石榴、苹果、枣、花红、海棠、梨、山楂、李、杏、木瓜等。

危害特点　幼虫从果实萼筒或果实胴部蛀入，蛀孔流出泪珠状果胶，不久干涸，蛀孔愈合成一小黑点略凹陷。幼虫入果后在果内乱窜，排粪于其中，俗称"豆沙馅"，遇雨极易造成烂果，使果实失去食用价值。

形态诊断　成虫：体灰褐或灰白色。雌虫体长7~8毫米，翅展16~18毫米。

雄虫体长5~6毫米，翅展13~15毫米。前翅近前缘中部处有一近三角形的黑色大斑，缘毛灰褐色。后翅灰色，缘毛长，浅灰色。雌雄很易区别，雄虫触角每节腹面两侧有纤毛，雌虫则无；雄虫下唇须短，向上翘，雌虫则长而直。卵：深红色，竖椭圆形或简形，以底部黏附在果实上。卵壳上具有不规则略呈椭圆形刻纹，端部1/4处环生2~3圈"Y"形生长物。幼虫：老熟幼虫体长13~16毫米，全体桃红色；幼龄幼虫体色淡，黄白或白色。无臀栉。蛹：离蛹，体长6.5~8.6毫米，淡黄白色至黄褐色。茧：有两种，一为扁圆的越冬茧，由幼虫吐丝缀合土粒而成，十分紧密；另一种为纺锤形的"蛹化茧"，亦称"夏茧"，亦由幼虫吐丝缀合细土粒而成，质地疏松，一端留有准备成虫羽化的孔。

发生规律 桃小食心虫在黄淮产区1年发生1代，部分个体发生2代；以老熟幼虫在土内作扁圆形"冬茧"越冬。翌年5月上中旬越冬幼虫开始出土。幼虫出土后，在地面黏结土粒作茧化蛹，蛹期14天左右。6~7月出现越冬成虫，7月上中旬为羽化盛期。成虫无趋光性和趋化性，白天静附于树叶上，夜间交尾，主产卵于萼筒内，其次是果实的其他部位。每头雌虫产卵数十粒至百粒，卵期8天左右。初孵幼虫蛀入果内危害，第一代幼虫危害期为6月下旬至8月，其盛期在7月中下旬。7月下旬至8月上旬，幼虫老熟后，咬出一个圆孔，爬出孔口直接落地，结茧化蛹继续发生第二代或入土结茧越冬，也有一部分未老熟幼虫在果中越冬。桃小食心虫幼虫具有背光的习性，在平地果园，如树盘内土壤细而平整，无杂草及间作物，脱果幼虫多集中于树冠下，距树干0.3~1米的土层内结成冬茧越冬，而以树干基部背阴面虫数最多。如树冠下土块、石块多，杂草多或间作其他作物，脱果幼虫即就地入土结茧越冬，冬茧多分散在树冠外围土里。山地果园地形复杂，冬茧在土层内分布的深度，一般为3~12厘米，其中以3厘米左右深的土层虫数最多，约占80%。

防治方法

物理防治 应用桃小性信息素橡胶芯载体，制成水碗式诱捕器悬挂在石榴园内，诱杀雄蛾。一个诱捕器一夜诱捕雄蛾量可达100头以上。

农业防治 在越冬幼虫出土前，可选用以下方法防治。①培土。利用幼虫在树下土层中越冬和第一代脱果幼虫在根茎周围土壤内作茧的习性，于5月前在树干周围1米范围内培以30厘米厚的土并踩实，将越冬幼虫和羽化成虫闷死于土内，雨季及时扒去培土，以防烂根。②覆盖农膜。在树干周围1米范围内覆盖农膜，用土将周围压紧，将越冬幼虫闷死于膜下。③绑缚草绳。用草绳在树干基部缠绕数圈，诱集出土幼虫入内化蛹，定期检查捕杀。④筛茧。在树干周围1米范围内，挖取5厘米厚的表土，筛茧烧毁。⑤另外，在幼虫蛀果期间，特别是第一代幼虫前期蛀果阶段，及时摘除虫果深埋，每隔10天进行一次。

化学防治 ①地面药剂防治。于幼虫出土期和盛期，在距树干1米范围内施药防治出土幼虫。每亩用50%辛硫磷颗粒剂5~7.5千克或50%辛硫磷乳剂0.5千克与50千克细沙土混合均匀撒入树冠下，或50%辛硫磷乳剂800倍液对树冠下土壤喷雾。施用后，需将地面用齿耙或锄来回耱耙几次，深5～10厘米，使药土混合，提高防治效果。山地、丘陵果园还应对石块、土堰等隐蔽场所喷洒（撒施）药剂。②树上药剂防治。在卵临近孵化时，喷施2.5%溴氰菊酯乳油3000倍液；25%灭幼脲悬浮剂1500倍液；10%氯氰菊酯乳油2000倍液；20%啶虫脒可湿性粉剂2000倍液等。

06 梨小食心虫（图2-6-1至图2-6-3）

属鳞翅目卷蛾科。又名梨小蛀果蛾、桃折梢虫，简称梨小。

分布与寄主

分布　全国各产区。

寄主　梨、山楂、苹果、桃、李、杏、樱桃、枇杷等果树。

危害特点　幼虫食害芽、蕾、花、叶和果实。幼虫吐丝将叶片缀成饺子状，在其中取食叶肉，残留灰白色表皮。果实受害，初果面现一黑点，孔外排出较细虫粪，蛀孔四周变黑腐烂，形成黑疤，虫粪脱落，疤上仅有1小孔，果内有大量虫粪形成豆沙馅。新梢受害，梢端枯死易折断。

形态诊断　成虫：体长6～7毫米，翅展13～14毫米，体翅灰褐色；前翅前缘有8～10条白色斜纹，外缘有10个小黑点，翅中央有1小白点。卵：扁椭圆形，长约2.8毫米，初乳白渐变为淡黄色。幼虫：低龄幼虫体白色；老熟幼虫体长10～14毫米，头褐色，体淡黄白或粉红色。蛹：纺锤形，长约7毫米，黄褐色；蛹外包有丝质白色薄茧。

发生规律　北方1年发生3～4代，南方发生6～7代。均以老熟幼虫在干、枝粗皮缝隙内、落叶或土中结茧越冬。华北、山东、陕西等地，越冬代成虫4月下旬至6月中旬发生，以后世代重叠严重。第一代成虫5月下旬至7月上旬发生。各虫态历期：卵期5～10天，幼虫期25～30天，蛹期7～10天。成虫于傍晚活动，对糖醋液和烂果有趋性，产卵于嫩叶背面或果实胴部，幼虫孵化后从新梢顶端蛀入向下蛀食致嫩梢枯萎，或蛀入果核周围串食，致被害果脱落，幼虫老熟后向果外咬一个虫孔脱果，爬至枝干粗皮处或果实基部结茧化蛹。第一、二代主要危害山楂、桃、李、杏的新梢，三、四代危害山楂、桃、苹果、梨的果实。在核果类和仁果类混栽或毗邻果园，虫害发生重。天敌有赤眼蜂、小茧蜂、白僵菌等。

防治方法

农业防治　冬春季刮除树干和主枝上的翘皮，清除园内枯枝落叶，集中烧掉或深埋。果树生长前期，及时剪除被害、刚萎蔫新梢。被害梢枯干时，其中的幼虫已转移。及时拾取落地果实深埋。

物理防治　用红糖、蜂蜜、水按1∶1∶15的比例，加入1%其他杀虫剂，配成诱杀液，装入盆碗或瓶内，挂在树上诱杀成虫。成虫发生期，在每株树上挂1个梨小食心虫性外激素诱芯，干扰雌雄成虫交尾产卵。

化学防治　关键时期是各代卵孵化前后。可喷洒50%杀螟硫磷乳油或90%晶体敌百虫1000倍液；48%哒嗪硫磷乳油2000倍液；2.5%溴氰菊酯乳油或10%氯氰菊酯乳油2500倍液、25%灭幼脲悬浮剂1500倍液等。

07 金环胡蜂（图2-7-1，图2-7-2）

属膜翅目胡蜂科。又名桃胡蜂、人头蜂、葫芦蜂、马蜂。

分布与寄主

分布　全国大部分产区。

寄主　山楂、苹果、梨、桃、葡萄、柑橘等果树。

危害特点　成虫食害成熟的果实或吸取汁液，食成孔洞或空壳，仅残留果核或果皮。

形态诊断　成虫：蜂后体长约40毫米，翅展80毫米；工蜂头部橘黄色，头顶后缘、复眼四周及足黑褐色；触角12节膝状；胸部黑褐色，前胸背板前缘两侧黄色，翅基片棕色；翅膜质半透明，翅脉及其前缘色浓；腹部第六节橙色，其余背板为棕黄与黑褐色相间；体背疏被棕色毛。雄蜂体长约34毫米，翅展68毫米，与雌蜂近似，体上被有较密棕色毛。卵：长椭圆形，长1~2毫米，白色。幼虫：体长35~40毫米，白色无足，口器红褐色，体侧具刺突。蛹：长35~40毫米，初白色渐变为黑褐色。蜂巢灰褐色，人头形或葫芦形，上具一孔口，故有葫芦蜂或人头蜂之称，内具数层至数十层蜂室，多悬在树枝上或树洞里及岩缝中。

发生规律　以受精的蜂后在树洞、墙或岩缝处越冬。翌春4月下旬至5月上旬开始活动，一个蜂后筑一个巢，同时将卵产在蜂室棱角处，每室1卵，卵期7天。幼虫以尾端丝钩黏附在室壁上，幼虫期20天，老熟幼虫吐丝封闭蜂室口化蛹，蛹期8~9天，羽化成虫均系工蜂。蜂后以各种软体昆虫为食，主要任务是产卵，7~8月繁殖快，到秋季一巢多达数千只或上万只；工蜂任务是筑巢和哺饲幼虫，果树成熟期，工蜂取食果汁、果肉后，回巢饲喂幼虫。新蜂后育成后，老蜂后死去，新蜂后与雄蜂交配受精，离巢寻找越冬场地越冬。工蜂和雄蜂多死亡。

防治方法

农业防治　①移蜂巢。于晚间把果园或附近胡蜂巢移入远离果园农田，利用其捕食农田害虫，避免其危害果实。但须注意防止蜂蜇人。②火烧蜂巢。必须灭蜂时，可在晚上用布网套住蜂巢，集中消灭，也可用竹竿绑上火把烧毁。

物理防治　用红糖、蜂蜜、水按1：1：15的比例，加入1%其他杀虫剂，配成诱杀液，装入盆碗或瓶内，挂在树上诱杀成虫。

化学防治　必要时可在果实成熟前25天喷洒90%晶体敌百虫乳油或40%辛硫磷乳油1000倍液、25%喹硫磷乳油2500倍液、10%乙氰菊酯乳油2500倍液、2.5%三氟氯氰菊酯乳油2000倍液、10%联苯菊酯乳油3000倍液等。

08　白小食心虫（图2-8-1至图2-8-5）

属鳞翅目卷蛾科。又名桃白小卷蛾等，简称"白小"。

分布与寄主

分布　全国各产区。

寄主　山楂、樱桃、苹果、梨、桃、李、杏等果树。

危害特点　低龄幼虫咬食幼芽、嫩叶，并吐丝把叶片缀连成卷，在卷叶内危害；后期幼虫则从萼洼或梗洼处蛀入果心危害，蛀孔外堆积虫粪，粪中常有蛹壳，用丝连结不易脱落。

形态诊断　成虫：体长6.5毫米，翅展约15毫米，体灰白色；头胸部暗褐色，前翅中部灰白色，端部灰褐色。前缘近顶角处有4或5条黑色棒纹，后缘近臀角处有一暗紫色斑。卵：扁椭圆形，初白色渐变为暗紫色。幼虫：体长10~12毫米，体红褐色，头浅褐色，前胸盾、臀板、胸足黑褐色。蛹：长8毫米，黄褐色。

发生规律　辽宁、山东、河北1年发生2代，以低龄幼虫在干、枝粗皮缝内结茧越冬。翌年山楂萌动后，幼虫取食嫩芽、幼叶，吐丝缀叶成卷，居中危害，幼虫老熟后在卷叶内结茧化蛹，越冬代成虫于6月上旬至7月中旬羽化，早期成虫产卵在桃和樱桃叶背，后期卵产在山楂、苹果等果实上。幼虫孵化后多自萼洼或梗洼处蛀入。老熟后在被害处化蛹、羽化。第一代成虫于7月中旬至9月中旬发生，仍产卵果实上，幼虫危害一段时间脱果潜伏越冬。

防治方法

农业防治　①冬春季，用硬刷子刮除老树皮、翘皮，集中烧毁或深埋。②春夏季，剪除山楂树被蛀梢端萎蔫而未变枯的树梢及时处理。③幼虫脱果越冬前，树干束草诱集幼虫越冬，于来春出蛰前取下束草烧毁。

化学防治　在卵临近孵化时，喷洒2.5%溴氰菊酯乳油或20%氰戊菊酯乳油3000倍液、10%氯氰菊酯乳油或20%中西除虫菊酯乳油2000倍液、50%辛硫磷乳油1000倍液或20%氟啶脲可湿性粉剂2000~2500倍液、5%氟苯脲乳油1500~2000倍液、10%联苯菊酯乳油2000倍液等。

09　山楂绢粉蝶（图2-9-1至图2-9-3）

属鳞翅目粉蝶科。又名山楂粉蝶、苹果粉蝶、苹果白蝶、梅白粉蝶、树粉蝶。

分布与寄主

分布　全国各产区。

寄主　山楂、苹果、梨、李、杏、樱桃、桃等果树。

危害特点　幼虫危害芽、叶和花蕾，初孵幼虫群居于树冠上，吐丝结网成巢，日间潜伏于巢内，夜晚危害；随虫龄增大，分散危害，严重时将树叶吃光。

形态诊断　成虫：体长22~25毫米，翅展64~76毫米，体黑色，头胸及足被淡黄白色至灰白鳞毛，触角棒状；翅白色，翅脉黑色，前翅外缘各脉末端都有1个三角形黑斑；雌腹部较大，雄瘦小。卵：柱形，顶端稍尖，高1~1.5毫米，直径0.5毫米左右，初产金黄渐变淡黄色。幼虫：体长38~45毫米，体上有稀疏淡黄色长毛间有黑毛，间布许多小黑点；头胸部、胸足和臀板黑色；胴部背面有3条黑色纵带，其间夹有两条黄褐色纵带，腹面紫灰色。蛹：长约25毫米，分黑色和黄色两种形态，体上布许多黑色斑点。

发生规律　1年发生1代，以低龄幼虫群集在树冠上用丝缀叶成巢并在其中越冬。寄主春季发芽时开始活动，夜伏昼动，群集危害芽、嫩叶和花器。较大幼虫离巢危害，老熟幼虫在枝干、树下杂草、砖石瓦块等处化蛹，蛹期14~23天。成虫白天活动，在株间飞舞吸食花蜜。单雌产卵200~500粒，卵多块产于嫩叶正面，卵期10~17天。低龄幼虫在叶面上群居啃食，并吐丝缀连被害叶成巢。于8月间在巢内结茧群集越冬。天敌有黑瘤姬蜂、绒茧蜂、寄生蝇等。

防治方法

农业防治　①摘虫巢灭虫。冬春季彻底摘除树上不脱落的枯叶虫巢，消灭其内越冬幼虫，简单有效，防虫效果好。②卵期摘卵块灭卵。

化学防治　卵孵化前后是防治的关键期，可喷洒50%马拉硫磷乳油或48%哒嗪硫磷乳油、50%杀螟硫磷乳油、25%喹硫磷乳油1000~1200倍液；2.5%三氟氯氰菊酯乳油或2.5%溴氰菊酯乳油、20%氰戊菊酯乳油3000~3500倍液；10%联苯菊酯乳油4000倍液或52.25%蜱·氯乳油1500倍液等。

⑩　梨叶斑蛾（图2-10-1至图2-10-4）

属鳞翅目斑蛾科。又名梨星毛虫，俗称包饺子虫、裹叶虫。

分布与寄主

分布　全国各产区。

寄主　梨、山楂、苹果、杏、桃、樱桃等果树。

危害特点　幼虫吐丝将叶片缀合包成"饺子"状，在其内取食叶片、蕾花，叶片仅残留表皮和叶脉呈网状，严重时满树是吃尽叶肉的苞叶，一片红色，新幼虫二次危害，将叶片吃成油纸状，树冠成灰白色。

形态诊断　成虫：体长8~13毫米，翅展18~30毫米，体及翅暗青蓝色有光泽，翅半透明，翅缘浓黑色；雌蛾触角锯齿状，雄蛾触角双栉齿状。卵：扁椭圆形，长约0.8毫米，初产黄白色渐变为紫褐色。幼虫：老熟时体长约20毫米；头黑褐色，胴部乳白色或淡黄色，背线黑褐色，体背各节两侧各有近圆形的黑斑，各节有横列的瘤状突起6个，每个瘤突上生有数十根白色细毛。蛹：长11毫米，淡黄至黑褐色，被以双层白色丝茧。

发生规律　1年发生1~2代。以2龄幼虫在树皮缝里结灰白色茧越冬。春季主要危害花芽、幼叶、花蕾；4月下旬花开、展叶后，幼虫缀合叶片呈饺子状，躲于其中啃食叶肉，被害叶仅残留表皮及叶脉，呈焦枯状，有时也危害靠近叶片的果实。一头幼虫可危害7、8片叶，5月中下旬在包叶中结白色茧化蛹，蛹期10天左右。6月中下旬成虫羽化，飞翔力不强，昼伏夜出，卵块产于叶面，每块卵量80~100粒；早晨气温低时成虫易被震落。卵期7~8天。7月初幼虫孵化危害，7月下旬2龄幼虫陆续在粗皮下、裂缝中做茧休眠越冬。有少数可继续发育至第二代幼虫，危害至10月做茧越冬。天敌有梨星毛虫悬茧蜂、金光小寄蝇等。

防治方法

农业防治　①冬春季用硬刷子刮刷树皮翘缝，消灭越冬幼虫。②幼虫发生期及时摘除虫叶和虫茧苞，消灭苞内幼虫。

化学防治　花芽膨大期至开花初期及7月中旬幼虫孵化期，是药剂防治的两个有利时机。可喷洒50%丙硫磷乳油1500倍液或50%马拉硫磷乳油1000倍液、2.5%溴氰菊酯乳油4000倍液、25%灭幼脲胶悬剂1200倍液、20%甲氰菊酯乳油2000倍液等。

⑪ 山楂喀木虱（图2-11-1至图2-11-4）

属同翅目木虱科。

分布与寄主

分布　辽宁、吉林、河北、山西、河南、山东、陕西等产区。

寄主　山楂。

危害特点　若虫在嫩叶背面、花梗、萼片上取食，分泌的白蜡丝密集垂吊在花序或叶片下面，似棉絮状，受害叶扭曲变形、枯黄早落或造成花序萎蔫脱落。

形态诊断　成虫：夏型体橘黄色至黄绿色，冬型色深，沿中缝两侧黄色；体长2.6~2.9毫米，雌略大，初羽化时草绿色渐变至黑褐色；前胸背板黄绿色，中央有黑斑；翅脉黄色。卵：纺锤形，初乳白色渐变橘黄色。若虫：初孵若虫体浅黄色，臀板橘黄色；5龄若虫草绿色，背中线明显。

发生规律　辽宁1年发生1代，以成虫越冬，翌年3月下旬日均气温达5℃时，越冬成虫出蛰活动。4月上旬交尾产卵，卵多产在叶背或花苞上，几粒至数十粒一堆。卵期10~12天。初孵若虫多在嫩叶背取食，并分泌白色蜡丝。5月下旬若虫羽化为成虫。成虫善跳，有趋光性及假死性。

防治方法

物理防治　成虫发生期利用黑光灯诱杀成虫。

化学防治　3月下旬至4月初越冬成虫大部分出蛰、尚未产卵时喷洒40%辛硫磷乳油1000倍液或20%抑食肼可湿性粉剂1500~2000倍液、5%虱螨脲乳油1500倍液、25%噻嗪酮乳油2000倍液、52.25%蜱·氯乳油1500倍液等。5月份山楂开花前后再防治1次若虫，即可控制危害。

⑫　山楂叶螨（图2-12-1至图2-12-5）

属蜱螨目叶螨科。又名山楂红蜘蛛。

分布与寄主

分布　全国各产区。

寄主　梨、苹果、山楂、樱桃、桃、杏、李等果树。

危害特点　以幼螨、若螨、成螨危害芽、叶、果，常群集在叶片背面的叶脉两侧拉丝结网，在网下刺吸叶片的汁液。被害叶片出现失绿斑点，渐变成黄褐色或红褐色、枯焦乃至脱落。

形态诊断　成螨：雌成螨椭圆形，0.45毫米×0.28毫米，深红色；体背前端稍隆起，后部有横向的表皮纹；刚毛较长；足4对，淡黄色；冬型雌成螨鲜红色，夏型雌成螨深红色。雄成螨体长0.43毫米，末端尖削，浅黄绿至浅绿色，体背两侧各有1个大黑斑。卵：圆球形，浅黄白至橙黄色。幼螨：3对足，体圆形，初黄白色渐变为浅绿色，体背两侧具深绿色斑纹。若螨：4对足，淡绿至浅橙黄色，体背出现刚毛，两侧有黑绿色斑纹，后期可区分雌雄。

发生规律　1年发生6~10代，以受精雌成螨在树皮缝隙内越冬。果树萌芽期，越冬雌成螨开始出蛰，爬到花芽上取食危害，果树落花后，成螨在叶片背面危害，这一代发生期比较整齐，以后各世代重叠。6~7月份高温干旱季节适于叶螨发生，为全年危害高峰期。进入8月份，雨量增多，湿度增大，加上害螨天敌的影响，危害减轻。8月下旬后越冬型雌成螨陆续发生，10月害螨全部越冬。天敌有捕食螨等。

防治方法

农业防治　冬春季刮除树干上的老翘皮，消灭越冬雌成螨。

生物防治　果园内自然天敌种类很多，应尽量减少喷药次数，利用天敌控制害螨发生。

化学防治　防治的关键期在果树萌芽期和第一代若螨发生期（果树落花后）。①发芽前，喷洒3~5波美度的石硫合剂或含油3%~5%的柴油乳剂等。

②果树萌芽期，喷洒50%硫黄悬浮剂200~400倍液或5%噻螨酮乳油1500倍液等。③若螨发生期喷洒20%四螨嗪悬浮剂或15%哒螨灵乳油2000倍液、1.8%阿维菌素乳油4000倍液等。

13 黄刺蛾（图2-13-1至图2-13-11）

属鳞翅目刺蛾科。又名刺蛾、洋辣子、八角虫、八角罐、八角虫、羊蜡罐、白刺毛等。

分布与寄主

分布　全国各山楂产区。

寄主　柿、桃、杏、石榴、苹果、山楂等果树。

危害特点　低龄幼虫群集叶背面啃食叶肉，稍大把叶食成网状，随虫龄增大则分散取食，将叶片吃成缺刻，仅留叶柄和叶脉，重者吃光全树叶片。

形态诊断　成虫：体长13~16毫米，翅展30~34毫米；头和胸部黄色，腹背黄褐色；前翅内半部黄色，外半部为褐色，有两条暗褐色斜线，在翅尖上汇合于一点，呈倒"V"字形，内面一条伸到中室下角，为黄色与褐色的分界线。卵：椭圆形，黄绿色。幼虫：体长16~25毫米，头小，胸腹部肥大，呈长方形，似幼儿的娃娃鞋，黄绿色；体背有一两端粗中间细的哑铃形紫褐色大斑，和许多突起枝刺。蛹：椭圆形，长12毫米，黄褐色。茧：灰白色，质地坚硬，茧壳上有几道褐色长短不一的纵纹，形似雀蛋。

发生规律　1年发生2代，以老熟幼虫在树枝上结茧越冬。翌年5月上旬化蛹，5月中下旬至6月上旬羽化，成虫趋光性强，产卵于叶背面，数十粒连成一片；6月中下旬幼虫孵化，初孵幼虫喜群集危害，数头幼虫白天头向内形成环状静伏于叶背。6月下旬至7月上中旬幼虫老熟后，固贴在枝条上，作茧化蛹。7月下旬出现第二代幼虫，危害至9月初结茧越冬。天敌主要有上海青蜂和黑小蜂等。

防治方法

农业防治　冬春季剪除冬茧集中烧毁，消灭越冬幼虫。

生物防治　摘除冬茧时，识别青蜂（冬茧上端有一被寄生蜂产卵时留下的小孔）选出保存，翌年放入果园天然繁殖寄杀虫茧。低龄幼虫期每亩用每克含孢子100亿的白僵菌粉0.5~1千克，在雨湿条件下喷雾防治效果好。

化学防治　卵孵化盛期至幼虫危害初期喷洒90%晶体敌百虫或40%马拉硫磷乳油1200倍液、25%灭幼脲悬浮剂1500倍液、20%除虫脲悬浮剂3000~4000倍液、1.8%阿维菌素2000~3000倍液、20%抑食肼可湿性粉剂800~1000倍液、20%虫酰肼悬浮剂1000~1500倍液、2.5%溴氰菊酯乳油3000~4000倍液、10%乙氰菊酯乳油2000倍液等。

14 丽绿刺蛾（图2-14-1至图2-14-7）

属鳞翅目刺蛾科。又名绿刺蛾。

分布与寄主

分布　全国各产区。

寄主　柿、桃、杏、石榴、苹果、梨、山楂、柑橘等果树和林木。

危害特点　以幼虫蚕食叶片，低龄幼虫群集叶背食叶成网状，重者食净叶肉，仅剩叶柄。

形态诊断　成虫：体长10~17毫米，翅展35~40毫米，触角雄蛾双栉齿状、雌蛾基部丝状；头顶、胸背绿色，腹部灰黄色；前翅绿色，肩角处有1块深褐色尖刀形基斑，外缘具深棕色宽带；后翅浅黄色，外缘带褐色。卵：扁平椭圆形，长径约1.5毫米，浅黄绿色。幼虫：体长25~27毫米，初龄时黄色，稍大转为粉绿色；从中胸至第八腹节各有4个瘤状突起，上生有黄色刺毛丛，第一腹节背面的毛瘤各有3~6根红色刺毛；腹部末端有4丛球状黑色刺毛；背中央具暗绿色带3条；两侧有浓蓝色点线。蛹：椭圆形，长约13毫米，黄褐色。茧：椭圆形，长约15毫米，暗褐色坚硬。

发生规律　1年发生2代，以老熟幼虫在树干上结茧越冬。翌年4月下旬至5月上旬化蛹，第一代成虫于5月末至6月上旬羽化，第一代幼虫于6~7月发生；第二代成虫8月中下旬羽化，第二代幼虫于8月下旬至9月发生，至10月上旬在树干上结茧越冬。成虫有强趋光性，卵产于叶背，数十粒成块。初孵幼虫常7~8头群集取食，稍大后分散危害。幼虫体上的刺毛丛含有毒腺，人体皮肤接触后，常因毒液进入皮下而肿胀奇痛，故有"洋辣子"之称。天敌有爪哇刺蛾寄生蝇等。

防治方法

农业防治　冬春季清洁果园消灭树枝上的越冬茧。捕杀初龄幼虫。及时摘除初孵幼虫群集危害的叶片消灭之，注意勿使虫体接触皮肤。

化学防治　卵孵化盛期至幼虫危害初期叶面喷洒90%晶体敌百虫或40%马拉硫磷乳油1200倍液、25%灭幼脲悬浮剂1500倍液、20%除虫脲悬浮剂3000~4000倍液、1.8%阿维菌素2000~3000倍液、20%抑食肼可湿性粉剂800~1000倍液、20%虫酰肼悬浮剂1000~1500倍液、2.5%溴氰菊酯乳油3000~4000倍液、10%乙氰菊酯乳油2000倍液等。

15 青刺蛾（图2-15-1至图2-15-6）

属鳞翅目刺蛾科。又名褐边绿刺蛾、褐缘绿刺蛾、四点刺蛾、曲纹绿刺蛾，幼虫俗称洋辣子。

分布与寄主

分布　全国各产区。

寄主　柿、山楂、桃、杏、苹果、石榴、柑橘等果树。

危害特点　低龄幼虫取食叶的下表皮和叶肉，留下上表皮，致叶片呈不规则黄色斑块，大龄幼虫食叶成孔洞和缺刻，重者吃光全叶，仅留主脉。

形态诊断　成虫：体长16毫米，翅展38~40毫米；触角雄蛾栉齿状，雌蛾丝状；头、胸、背绿色，胸背中央有一棕色纵线，腹部灰黄色；前翅绿色，基部有暗褐色大斑，外缘为灰黄色宽带；后翅灰黄色。卵：扁椭圆形，长1.5毫米，黄白色。幼虫：体长25~28毫米，初龄黄色，稍大黄绿至绿色，中胸至第八腹节各有4个瘤状突起，上生青色刺毛束，腹末有4个毛瘤丛生蓝黑球状刺毛；背线绿色，两侧有深蓝色点。蛹：椭圆形，长13毫米，黄褐色。茧：椭圆形，长16毫米，暗褐色坚硬。

发生规律　1年发生1~3代，以前蛹于茧内在树干基部浅土层或枝干上越冬。1代区6月上中旬至7月中旬越冬成虫羽化，6月下旬至9月幼虫发生危害，8月危害最重，8月下旬后幼虫陆续结茧越冬。2代区5月中旬越冬代成虫羽化，第一代幼虫6~7月发生，第一代成虫8月中下旬羽化；第二代幼虫8月下旬至10月中旬发生，10月上旬幼虫结茧越冬。成虫昼伏夜出，有趋光性。卵多产于叶背主脉附近，数十粒呈鱼鳞块状排列，卵期7天左右。幼龄群集，稍大后分散。天敌有紫姬蜂和寄生蝇。

防治方法

生物防治　秋冬季摘虫茧，放入细纱笼内，保护和引放寄生蜂。低龄幼虫期每亩用每克含孢子100亿的白僵菌粉0.5~1千克，在雨湿条件下喷雾防治效果好。

农业防治　幼虫群集危害期人工捕杀，注意手不要碰到幼虫毒毛。

物理防治　利用黑光灯诱杀成虫。

化学防治　幼虫发生期及时喷洒90%晶体敌百虫或50%马拉硫磷乳油、50%杀螟硫磷乳油等1000倍液、50%辛硫磷乳油1500倍液、10%联苯菊酯乳油3000倍液、2.5%鱼藤酮300~400倍液等。

16　扁刺蛾（图2-16-1至图2-16-6）

属鳞翅目刺蛾科。又名黑点刺蛾、黑刺蛾。

分布与寄主

分布　全国各山楂产区。

寄主　柿、桃、杏、石榴、苹果、柑橘、山楂等果树。

危害特点　初孵幼虫群集叶背啃食叶肉，使叶片仅留透明的上表皮。随虫龄增大，食叶成空洞和缺刻，重者食光叶片。

形态诊断 成虫：体长13~18毫米，翅展28~35毫米；体暗灰褐色，腹面及足色较深；触角雌丝状，雄羽状；前翅灰褐稍带紫色，中室外侧有1条明显的暗斜纹，自前缘近顶角处向后缘斜伸；雄蛾中室上角有1个黑点；后翅暗灰褐色。卵：扁平椭圆形，长1.1毫米，淡黄绿至灰褐色。幼虫：体长21~26毫米，宽16毫米，体扁，椭圆形，背部稍隆起，形似龟背；全体绿色、黄绿色或淡黄色，背线白色；体边缘有10个瘤状突起，其上生有长刺毛，第四节背面两侧各有1个红点。蛹：长10~15毫米，近椭圆形，乳白至黄褐色。茧：椭圆形，长12~16毫米，紫褐色。

发生规律 1年发生1~3代，以老熟幼虫在树下3~6厘米土层内结茧以前蛹越冬。1代区6月上旬羽化、产卵，6月中旬至9月上中旬幼虫发生危害。2~3代区5月中旬至6月上旬羽化；第一代幼虫5月下旬至7月中旬发生；第二代幼虫7月下旬至9月中旬发生；第三代幼虫9月上旬至10月发生，均以老熟幼虫入土结茧越冬。卵多散产于叶面上，卵期7天左右。低龄幼虫啃食叶肉，留下一层表皮，大龄幼虫取食全叶，虫量多时，常从枝的下部叶片吃至上部，每枝仅存顶端几片嫩叶。

防治方法

农业防治 冬春季耕翻树盘，利用低温和鸟食消灭土中越冬的虫茧。

生物防治 喷洒青虫菌6号悬浮剂1000倍液，杀虫保叶。

化学防治 卵孵化盛期和低龄幼虫期喷洒30%杀虫双水剂1500~2000倍液或80%杀螟丹可溶性粉剂2000倍液、50%辛硫磷乳油或45%马拉硫磷乳油1000倍液、5%顺式氰戊菊酯乳油2000倍液等。

17　枣刺蛾（图2-17-1至图2-17-4）

属鳞翅目刺蛾科。又名枣奕刺蛾。

分布与寄主

分布 华北、黄淮、华东等产区。

寄主 枣、柿、梨、苹果、山楂、杏、核桃等果树和林木。

危害特点 低龄幼虫取食叶肉，仅留表皮，虫龄稍大即取食全叶。

形态诊断 成虫：雌成虫翅展29~33毫米，触角丝状；雄成虫翅展28~31.5毫米，触角短双栉齿状。全体褐色，胸背中间鳞毛红褐色；腹部背面各节有似"人"字形的褐红色鳞毛；前翅基部褐色，中部黄褐色，近外缘处有2块似菱形的斑纹彼此连接，靠前一块褐色，后边一块红褐色；后翅灰褐色。卵：椭圆形，长1.2~2.2毫米，鲜黄色。幼虫：体长20~25毫米，淡黄至黄绿色，背面的蓝色斑，连接成近椭圆形斑纹；体背有6对红色长枝刺，其中胸部3对、体中部1对、腹末2对；体两侧各节上有红色短刺毛丛1对。蛹：椭圆形，长12~13毫米，初黄色渐变为褐色。茧：长11~14.5毫米，椭圆形，土灰褐色。

发生规律　1年发生1代，以老熟幼虫在树干根部土内7~9厘米深处结茧越冬。翌年6月下旬成虫羽化，7月上旬幼虫孵化，7月下旬至8月中旬危害重，8月下旬幼虫逐渐老熟，下树入土结茧越冬。成虫昼伏夜出，有趋光性。卵产于叶背成片排列，幼虫孵化后即分散至叶背面危害。

防治方法

农业防治　冬春季深翻园地，利用低温冻害和鸟食消灭土中越冬茧。

生物防治　秋冬季摘虫茧，放入细纱笼内，保护和引放寄生蜂。低龄幼虫期每亩用每克含孢子100亿的白僵菌粉0.5~1千克，在雨湿条件下喷雾防治效果好。

化学防治　卵孵化盛期至幼虫危害初期喷洒90%晶体敌百虫或40%马拉硫磷乳油1200倍液、25%灭幼脲悬浮剂1500倍液、20%除虫脲悬浮剂3000~4000倍液、1.8%阿维菌素2000~3000倍液、20%抑食肼可湿性粉剂800~1000倍液、20%虫酰肼悬浮剂1000~1500倍液、2.5%溴氰菊酯乳油3000~4000倍液、10%乙氰菊酯乳油2000倍液等。

⑱　杏星毛虫（图2-18-1至图2-18-3）

属鳞翅目斑蛾科。又名桃斑蛾、红褐星毛虫、梅黑透羽、杏叶斑蛾。

分布与寄主

分布　长江以北产区。

寄主　杏、山楂、桃、樱桃、李、梨、柿等果树、林木、花卉。

危害特点　幼虫食芽、花、叶，早春蛀萌动的芽致枯死。寄主发芽后危害花、嫩芽和叶，食叶成缺刻和孔洞，重则吃光叶片。

形态诊断　成虫：体长7~10毫米，翅展21~23毫米，体黑褐色具蓝色光泽；翅半透明，布黑色鳞毛；雄虫触角羽毛状，雌虫短锯齿状。卵：椭圆形，长0.7毫米，初白色渐至黄褐色。幼虫：体长13~16毫米，近纺锤形，背暗赤褐色，腹面紫红色；头小黑褐色，大部分缩于前胸内，取食或活动时伸出；腹部各节具横列毛瘤6个，中间4个大，毛瘤中间生很多褐色短毛，周生黄白长毛。蛹：椭圆形，淡黄至黑褐色。茧：椭圆形，丝质稍薄淡黄色，外常附泥土、虫粪等。

发生规律　1年发生1代，以初龄幼虫在树皮缝、枝杈及贴枝叶下结茧越冬。寄主萌动时开始出蛰活动，先蛀芽，后危害蕾、花及嫩叶。3龄后白天下树，潜伏至树干基部附近的土、石块及枯草落叶下、树皮缝中，19:00后又上树取食叶片，拂晓又下树隐蔽。老熟幼虫于5月中旬开始在树干周围的各种植被下、皮缝中结茧化蛹，6月上旬成虫羽化交配产卵，多产在树冠中下部老叶背面，块生，每块有卵70~80粒；卵期10~11天。第一代幼虫于6月中旬始见，啃食叶片表皮或叶肉，被害叶呈纱网状斑痕，幼虫受惊扰吐丝下垂，于7月上旬结茧越冬。天敌有金光小寄蝇、常怯寄蝇、梨星毛虫黑卵蜂、潜蛾姬小蜂等。

防治方法

农业防治　果树休眠期彻底刮除树体粗皮、翘皮、剪锯口周围死皮，消灭越冬幼虫。幼虫发生期在树干基部铺瓦片、碎砖等诱集幼虫，集中杀灭。

生物防治　利用和保护天敌。

化学防治　①于落叶后，用50%马拉硫磷乳油200倍液封闭剪锯口和树皮裂缝，可消灭大部分越冬幼虫。②幼虫危害期地面喷药，利用该虫白天下树潜伏的习性，在树干周围喷洒48%毒死蜱乳油500倍液或50%丙硫磷乳油800倍液。③树上喷药，卵孵化前后和低龄幼虫期喷洒50%马拉硫磷乳油或40%辛硫磷乳油1000倍液、2%氟丙菊酯乳油1000~2000倍液、20%氰戊菊酯乳油1500~2000倍液等。

⑲　黄褐天幕毛虫（图2-19-1至图2-19-7）

属鳞翅目枯叶蛾科。又名梅毛虫、天幕枯叶蛾、天幕毛虫、带枯叶蛾。

分布与寄主

分布　全国各产区。

寄主　苹果、山楂、樱桃、桃、杏、梨、梅等果树和林木。

危害特点　刚孵化幼虫群集于一枝，吐丝结成网幕，食害嫩芽、叶片，随生长渐下移至粗枝上结网巢，白天群栖巢上，夜出取食，严重时将全树叶片吃光。

形态诊断　成虫：雌体长18~22毫米，翅展37~43毫米，黄褐色；触角栉齿状；前翅中部有1条赤褐色宽横带，其两侧有淡黄色细线；雄体略小，触角双栉齿状，前翅中部有2条深褐色横线，两线间色稍深。卵：圆筒形，灰白色，200~300粒卵环结于小枝上黏结成一圈呈"顶针"状。幼虫：体长50~55毫米，头蓝色，有2个黑斑，体上有十多条黄、蓝、白、黑相间的条纹。蛹：椭圆形，体上有淡褐色短毛。茧：黄白色，表面附有灰黄粉。

发生规律　1年发生1代，以幼虫在卵壳中越冬，翌年树芽膨大，日均气温达11℃时幼虫钻出，先在卵附近的芽及嫩叶上危害，后转到枝杈上吐丝结网成天幕，于夜间出来取食。4龄后分散全树，暴食叶片。幼虫期45天左右，成虫有趋光性。成虫产卵于小枝上。天敌主要有赤眼蜂、姬蜂、绒茧蜂等。

防治方法

农业防治　冬春季彻底剪除枝梢上越冬卵块。幼虫发生期发现幼虫群集天幕及时消灭。

生物防治 为保护卵寄生蜂，将卵块放天敌保护器中，使卵寄生蜂羽化飞回果园。

化学防治 幼虫初孵期施药是关键，可喷洒80%敌敌畏乳油1500倍液或52.25%蝉·氯乳油2000倍液、50%杀螟硫磷乳油或50%马拉硫磷乳油1000倍液、2.5%氯氟氰菊酯乳油或2.5%溴氰菊酯乳油3000倍液、10%联苯菊酯乳油4000倍液等。

⑳ 金毛虫（图2-20-1至图2-20-10）

属鳞翅目毒蛾科。又名桑斑褐毒蛾、纹白毒蛾、桑毒蛾、黄尾毒蛾、黄尾白毒蛾等。

分布与寄主

分布 全国产区。

寄主 柿、山楂、桃、杏、苹果、石榴、樱桃等果树和林木。

危害特点 初孵幼虫群集叶背面取食叶肉，仅留透明的上表皮，稍大后分散危害，将叶片吃成大的缺刻，重者仅剩叶脉，并啃食幼果和果皮。

形态诊断 成虫：雌体长14~18毫米，翅展36~40毫米；雄体长12~14毫米，翅展28~32毫米；全体及足白色；触角双栉齿状；雌、雄蛾前翅近臀角处有褐色斑纹，雄蛾前翅在内缘近基角处还有一个褐色斑纹。卵：直径0.6~0.7毫米，淡黄色，上有黄色绒毛。幼虫：体长26~40毫米，头黑褐色，体黄色，背线红色；体背面有一橙黄色带，带中央贯穿一红褐间断的线；前胸背面两侧各有一红色瘤，其余各节背瘤黑色，瘤上生黑色长毛束和白色短毛。蛹：长9~11.5毫米。茧：长13~18毫米，椭圆形，淡褐色。

发生规律 1年发生2~6代，以幼虫结灰白色薄茧在枯叶、树杈、树干缝隙及落叶中越冬。2代区翌年4月开始危害春芽及叶片。一、二、三代幼虫危害高峰期主要在6月中旬、8月上中旬和9月上中旬，10月上旬前后开始结茧越冬。成虫昼伏夜出，产卵于叶背，形成长条形卵块，卵期4~7天。每代幼虫历期20~37天。幼虫有假死性。天敌主要有黑卵蜂、矮饰苔寄蝇、桑毛虫绒茧蜂等。

防治方法

农业防治 冬春季刮刷老树皮，清除园内外枯叶杂草，消灭越冬幼虫。在低龄幼虫集中危害时，摘虫叶灭虫。

生物防治 掌握在2龄幼虫高峰期，喷洒多角体病毒，每毫升含15000颗粒的悬浮液，每亩喷洒20升。

化学防治 幼虫分散为害前，及时喷洒2.5%溴氰菊酯乳油或20%氰戊菊酯乳油3000倍液、10%联苯菊酯乳油4000~5000倍液、52.25%蝉·氯乳油2000倍液、50%辛硫磷乳油1000倍液、10%吡虫啉可湿性粉剂2500倍液。

21 茸毒蛾（图2-21-1至图2-21-7）

属鳞翅目毒蛾科。又名苹毒蛾、苹红尾蛾、纵纹毒蛾。

分布与寄主

分布　全国各产区。

寄主　柿、桃、杏、草莓、石榴、李、山楂、枇杷等果树和林木。

危害特点　幼虫食量大，危害时间长，食叶成缺刻或孔洞。局部地区易大发生，危害重。

形态诊断　成虫：雄蛾翅展35～45毫米，雌蛾45～60毫米；头、胸部灰褐色；触角栉齿状；腹部灰白色；雄蛾前翅灰白色，有黑色及褐色鳞片；后翅白色带黑褐色鳞片和毛。卵：扁圆形，浅褐色。幼虫：体长45～52毫米，体浅黄色至淡紫红色；体腹面浅黑色；体背各节生有黄色毛瘤，上面簇生浅黄色长毛；第一至四腹节背面各具1簇黄色刷状毛；第一、二腹节背面的节间有一深黑色大斑；第八腹节背面有1束向后斜伸的棕黄色至紫红色毛；幼虫具假死性。蛹：浅褐色。

发生规律　1年发生1～3代，以蛹越冬。翌年4月下旬羽化，一代幼虫5至6月上旬发生，二代幼虫6月下旬至8月上旬发生，三代幼虫8月中旬至11月中旬发生，越冬代蛹期约6个月。黄淮产区二、三代发生重。卵块产在叶片和枝干上，每块卵20～300粒。幼虫历期20～50天，老熟幼虫将叶卷起结茧。天敌主要有毒蛾黑瘤姬蜂、蚂蚁、食虫蟪类等。

防治方法

农业防治　冬春清园内枯枝落叶集中销毁，消灭越冬虫源。

化学防治　卵孵化盛期至低龄幼虫期，叶面喷洒25%灭幼脲悬浮剂2000倍液或90%晶体敌百虫1000倍液、25%溴氰菊酯乳油2000倍液、20%戊菊酯乳油1500～2000倍液。

22 折带黄毒蛾（图2-22-1至图2-22-6）

属鳞翅目毒蛾科。又名黄毒蛾、柿黄毒蛾、杉皮毒蛾。

分布与寄主

分布　除西藏、青海、新疆未见报道外，其他各产区均有分布。

寄主　柿、山楂、苹果、苹果、枇杷等果树和林木。

危害特点　幼虫食芽、叶，将叶吃成缺刻或孔洞，严重的将叶片吃光，并啃食幼嫩枝条的皮。

形态诊断　成虫：雌体长15～18毫米，翅展35～42毫米；雄略小；体黄色或浅橙黄色；触角栉齿状，雄较雌发达；前翅黄色，中部具棕褐色宽横带1条，从前缘外斜至中室后缘，折角内斜止于后缘，形成折带，故称折带黄毒蛾；带两侧为浅黄色线镶边，翅顶区具棕褐色圆点2个，位于近外缘顶角处及中部偏前；后翅无斑纹，基部色浅，外缘色深；缘毛浅黄色。卵：半圆形淡黄色直径0.5~0.6毫米，数十粒至数百粒成块，排列为2~4层，上覆有黄色绒毛。幼虫：体长30~40毫米，头黑褐色，上具细毛；体黄色或橙黄色，胸部和第五至十腹节背面两侧各具黑色纵带1条；臀板黑色，第八节至腹末背面为黑色；第一、二腹节背面具长椭圆形黑斑，毛瘤长在黑斑上；各体节上毛瘤暗黄色或暗黄褐色，其中一、二、八腹节背面毛瘤大而黑色，毛瘤上有黄褐色或浅黑褐色长毛。胸足褐色，腹足淡黑色。蛹：长12~18毫米，黄褐色。茧：椭圆形，长25~30毫米，灰褐色。

发生规律　1年发生2代，以3~4龄幼虫在树洞或树干基部树皮缝隙、杂草、落叶等杂物下结网群集越冬。翌年春上树危害芽叶。老熟幼虫5月底结茧化蛹，6月中下旬越冬代成虫羽化，交尾产卵，卵期14天左右。第一代幼虫7月初孵化，危害到8月底老熟化蛹。第一代成虫9月羽化，9月下旬出现第二代幼虫，危害到秋末寻找合适场所越冬。成虫昼伏夜出，卵多产在叶背。幼虫孵化后多群集叶背危害，并吐丝网群居枝上，老龄时多至树干基部、各种缝隙吐丝群集，多于早晨及黄昏取食。天敌有寄生蝇等20多种。

防治方法

农业防治　①冬春季清除园内及四周落叶杂草，刮树皮，树干涂石灰水，杀灭越冬幼虫。②发生季节及时摘除卵块或分散危害前摘除，捕杀群集幼虫。

化学防治　低龄幼虫期叶面喷洒80%敌敌畏乳油或48%毒死蜱乳油、50%杀螟硫磷乳油、50%马拉硫磷乳油1000~1200倍液、2.5%溴氰菊酯乳油或20%氰戊菊酯乳油3000~3500倍液、10%联苯菊酯乳油4000倍液或52.25%蜱·氯乳油1500倍液等。

㉓　肾毒蛾（图2-23-1至图2-23-7）

属鳞翅目毒蛾科。又名大豆毒蛾、肾纹毒蛾。

分布与寄主

分布　全国各产区。

寄主　柿、苹果、山楂、樱桃等果树及大豆等农作物。

危害特点　幼虫啃食寄主的叶片，严重时将叶片吃光，仅剩叶脉。

形态诊断　成虫：雄蛾翅展34~40毫米，雌蛾45~50毫米；触角栉齿状；头、胸和足深黄褐色，腹部褐色；后胸和第二、三腹节背面各有1黑色短毛束；前翅前半褐色，后半黄褐色，具褐黄色肾形斑，斑纹外线深褐色；后翅淡黄褐色；前、后翅反面黄褐色；横脉纹、外线、亚端线和缘毛黑褐色；雌蛾比雄蛾色暗。幼虫：体长40毫米左右，体黑褐色，上具褐色刚毛；前胸背面两侧各有1黑色大瘤，上生向前伸的长毛束，其余各体节瘤褐色较小，上生白褐色毛，除前胸及第一至四腹节上的瘤外其他瘤上生有白色羽状毛；第一至四腹节背面有暗黄褐色短毛刷，第八腹节背面有黑褐色毛束。

发生规律　长江流域1年发生3代，贵州2代，均以幼虫在中下部叶片背面越冬，翌年4月开始危害。贵州一代成虫于5月中旬至6月下旬发生，第二代于8月上旬至9月中旬发生。卵期11天，幼虫期35天左右，蛹期10~13天。卵多产在叶背。初孵幼虫群集在叶背取食叶肉。成长幼虫分散危害，食叶成缺刻或孔洞。严重时仅留主脉。老熟幼虫在叶背结丝茧化蛹。

防治方法

农业防治　冬春季清除在叶片背面越冬的幼虫，减少虫源；幼虫危害期掌握在各代幼虫分散危害之前，及时摘除群集危害虫叶，集中消灭。

化学防治　卵孵化前后和幼虫分散危害前叶面喷洒100亿活芽孢苏云金杆菌悬浮剂500~1000倍液或90%晶体敌百虫800倍液、2%阿维菌素乳油4000~6000倍液、20%菊·杀乳油1000~1500倍液等。

㉔　桑剑纹夜蛾（图2-24-1，图2-24-2）

属鳞翅目夜蛾科。又名大剑纹夜蛾、桑夜蛾、香椿灰斑夜蛾。

分布与寄主

分布　全国各产区。

寄主　山楂、杏、香椿、桃、李、柑橘等果树和林木。

危害特点　幼虫食叶成缺刻或孔洞，重者吃光全树叶片。

形态诊断　成虫：体长27~29毫米，翅展62~69毫米；体深灰色，腹面灰白色；头部灰白色，触角丝状；前翅灰白色至灰褐色，剑纹黑色，翅基剑纹树枝状，端剑纹2条，肾纹外侧一条较粗短，近后缘一条较细长；环纹灰白色较小，肾纹灰褐色较大，均具黑边；后翅灰褐色。卵：扁馒头形，淡黄至黄褐色。幼虫：体长48~52毫米，体黑色，密被黄色长、短毛及粗针状黑色短刺毛，黑色短刺毛簇生于体背毛瘤上，其两侧及体侧为黄色，体侧毛瘤凸起较明显。蛹：长椭圆形，长24~28毫米，褐至黑褐色。茧：长椭圆形，灰白至土色。

发生规律　1年发生1代，以茧蛹于树下土中和石块缝隙中越冬。翌年7月上旬羽化，7月中下旬始产卵，卵期7天。7月下旬至8月上中旬幼虫孵化，幼虫期30~38天，老熟幼虫于9月上旬下树结茧化蛹。成虫昼伏夜出，具趋光性和趋化性。卵多产在枝条近端部嫩叶叶面上，数十至数百粒一块。初孵幼虫群集叶上啃食表皮、叶肉，致成缺刻或孔洞，仅留叶脉，随虫龄增大可把叶吃光，残留叶柄，有转枝、转株危害习性。天敌主要有桑夜蛾盾脸姬蜂。

防治方法

农业防治　冬春季翻树盘利用低温、鸟食，消灭越冬茧蛹。

生物防治　成虫发生期，设置黑光灯诱杀成虫；常检查及时捕杀群集幼虫。

化学防治　卵孵化盛期后施药最关键，可喷洒48%毒死蜱乳油或50%杀螟硫磷乳油、50%马拉硫磷乳油1000倍液、2.5%溴氰菊酯乳油、20%氰戊菊酯乳油3000~3500倍液、10%联苯菊酯乳油4000倍液或52.25%蜱·氯乳油1500倍液等。

㉕　梨剑纹夜蛾（图2-25-1至图2-25-4）

属鳞翅目夜蛾科。又名梨叶夜蛾。

分布与寄主

分布　全国各产区。

寄主　梨、桃、杏、李、苹果、梅、山楂等果树和林木。

危害特点　幼虫将叶片吃成孔洞、缺刻，重者将叶脉吃掉，仅留叶柄。

形态诊断　成虫：体长14~17毫米，翅展32~46毫米；头、胸部棕灰色，腹部背面浅灰色带棕褐色；前翅暗棕色有白色斑纹，上有4条横线，基部2条色较深，外缘有1列黑斑，翅脉中室内有1个圆形斑，边缘色深；后翅棕黄色至暗褐色；触角丝状。卵：半球形，赤褐色。幼虫：体长约33毫米，头黑色，体褐色至暗褐色，具大理石样花纹，背面有1列黑斑，中央有橘红色点；各节毛瘤较大，簇生褐色长毛。蛹：体长约16毫米，黑褐色。

发生规律　1年发生2代，以蛹在土中越冬。5月下旬至6月上旬越冬代成虫羽化。6~7月幼虫发生危害，6月中旬即有幼虫老熟在叶片上吐丝结黄色薄茧化蛹；第一代成虫在6月下旬发生。8月上旬出现第二代成虫，第二代幼虫危害到9月中下旬，陆续老熟后入土结茧化蛹。成虫昼伏夜出，有趋光性和趋化性；产卵于叶背或芽上，卵呈块状排列，卵期7~10天；幼龄幼虫群集嫩叶取食，后分散危害。

防治方法

农业防治　冬春翻树盘，消灭越冬蛹。

物理防治　成虫发生期用糖醋液或黑光灯、高压汞灯诱杀成虫。

化学防治　防治适期是各代幼虫发生初期，可喷洒50%杀螟硫磷乳油或50%辛硫磷乳油1000~1500倍液、20%氰戊菊酯乳油2000倍液、10%联苯菊酯乳油4000~5000倍液、20%除虫脲悬浮剂1000倍液。

㉖　果剑纹夜蛾（图2-26-1，图2-26-2）

属鳞翅目夜蛾科。又名樱桃剑纹夜蛾。

分布与寄主

分布　全国各产区。

寄主　樱桃、苹果、山楂、杏、梨、桃、李等果树和林木。

危害特点　初龄幼虫食叶的表皮和叶肉，仅留下表皮，似纱网状；3龄后把叶吃成长圆形孔洞或缺刻，也啃食幼果果皮。

形态诊断　成虫：体长11~22毫米，翅展37~41毫米；头部和胸部暗灰色，腹部背面灰褐色；前翅灰黑色，黑色基剑纹、中剑纹、端剑纹明显；后翅淡褐色；足黄灰黑色。卵：白色透明似馒头形，直径0.8~1.2毫米。幼虫：体长25~30毫米，绿色或红褐色，头部褐色具深斑纹；背线红褐色，亚背线赤褐色，气门上线黄色，中胸、腹部第二、三、九节背部各具黑色毛瘤1对，腹部第一、四至八节各具黑色毛瘤2对，生有黑长毛。蛹：长11.2~15.5毫米，纺锤形，深红褐色。茧：长16~19毫米，纺锤形，丝质薄茧外多黏附碎叶或土粒。

发生规律　1年发生2~3代，以茧蛹在地上草丛、土中或树皮裂缝中越冬。越冬成虫于4月下旬至5月中旬羽化；第一代成虫于6月下旬至7月下旬羽化；第二代于8月上旬至9月上旬羽化。成虫昼伏夜出，具趋光性和趋化性；羽化后短时间即交配产卵，卵期4~8天。幼虫期第一代19~35天，第二代22~31天，第三代23~43天。天敌有夜蛾绒茧蜂等。

防治方法

物理防治　成虫发生期利用糖醋液或黑光灯、高压汞灯诱杀成虫。

农业防治　秋末深翻树盘消灭越冬虫蛹。

化学防治　各代卵孵化盛期喷洒50%杀螟硫磷乳油或52.25%蜱·氯乳油1500倍液、20%甲氰菊酯乳油2000倍液、2.5%溴氰菊酯乳油或20%氰戊菊酯乳油3000~3500倍液、10%联苯菊酯乳油4000~5000倍液等。

(27) **棉褐带卷蛾**（图2-27-1至图2-27-5）

属鳞翅目卷蛾科。又名苹果小卷蛾、苹果小卷叶蛾、苹卷蛾、棉卷蛾。

分布与寄主

分布　全国除西藏未见报道外，其他各产区均有分布。

寄主　苹果、山楂、桃、杏、李、樱桃、梨等果树和林木。

危害特点　幼虫吐丝将2~3片叶连缀一起，并在其中危害，将叶片吃成缺刻或网状；被害果表面呈现形状不规则的小坑洼，尤其果、叶相贴时，受害较多。

形态诊断　成虫：体长6~8毫米，翅展13~23毫米，淡棕色或黄褐色；前翅自前缘向后缘有2条深褐色斜纹；后翅淡灰色；雄虫较雌虫体小，体色较淡，前翅基部有前缘褶。卵：椭圆形，淡黄色。幼虫：体长13~15毫米，头和前胸背板淡黄色，老龄幼虫翠绿色。蛹：长9~11毫米，黄褐色。

发生规律 1年发生3~4代，以2龄幼虫结白色薄茧在剪锯口、树皮裂缝、翘皮下越冬。翌年果树发芽后出蛰，取食嫩芽、幼叶，稍大吐丝缀叶，潜伏其中危害，幼虫极活泼，遇惊扰急剧扭动身体吐丝下垂。成虫发生盛期在6月中旬，昼伏夜出，有较强的趋化性和微弱的趋光性，对糖醋液或果醋趋性甚烈。卵产于叶面或果面较光滑处，数十粒排列成鱼鳞状卵块，卵期7天左右。第一代幼虫发生期在7月中下旬，第二代幼虫发生期在8月下旬至9月上旬，第三代幼虫于9月上旬至10月上旬危害一段时间后越冬。天敌有赤眼蜂等。

防治方法

农业防治 冬春季刮除树干上剪锯口等处的翘皮，消灭越冬幼虫。生长季节，发现卷叶后及时用手捏死其中的幼虫。

生物防治 在产卵盛期释放赤眼蜂于果园，消灭虫卵。

化学防治 ①冬春季用80%敌敌畏乳油200倍液涂抹剪锯口，消灭越冬幼虫。②在越冬幼虫出蛰期和各代幼虫发生初期，喷洒50%辛硫磷乳油1500倍液或50%杀螟硫磷乳油1000倍液、48%毒死蜱乳油或52.25%蜱·氯乳油2000倍液、2.5%溴氰菊酯乳油3000倍液等。

㉘ 茶长卷叶蛾（图2-28-1至图2-28-3）

属鳞翅目卷蛾科。又名茶卷叶蛾、后黄卷叶蛾、褐带长卷蛾、茶淡黄卷叶蛾、柑橘长卷蛾。

分布与寄主

分布 华东、华南、西南各产区。

寄主 柿、枣、石榴、苹果、柑橘、山楂等果树和林木。

危害特点 初孵幼虫缀结叶尖，潜居其中取食上表皮和叶肉，残留下表皮，致卷叶呈枯黄薄膜斑，大龄幼虫食叶成缺刻或孔洞。

形态诊断 成虫：雌体长10毫米，翅展23~30毫米，体浅棕色；触角丝状；前翅近长方形，浅棕色，翅尖深褐色，翅面散生许多深褐色细纹；后翅肉黄色，扇形，前缘、外缘茶褐色。雄体长8毫米，翅展19~23毫米，前翅黄褐色，基部中央、翅尖浓褐色，前缘中央夹一黑褐色圆形斑，前缘基部具一浓褐色近椭圆形突出；后翅浅灰褐色。卵：扁平椭圆形，长0.8毫米，浅黄色。幼虫：体长18~26毫米，体黄绿色，头黄褐色，前胸背板近半圆形，褐色，两侧下方各具2个黑褐色椭圆形小角质点，胸足色暗。蛹：长11~13毫米，深褐色。

发生规律 浙江、安徽1年发生4代，以幼虫蛰伏在卷苞里越冬。翌年4月下旬成虫羽化产卵。第一代卵期4月下旬至5月上旬，幼虫期在5月中旬至5月下旬，成虫期在6月份。二代卵期在6月，幼虫期6月下旬至7月上旬，成虫期在7月中旬。7月中旬至9月上旬发生第三代。9月上旬至翌年4月发生第四代。成虫昼伏夜出，有趋光性、趋化性，卵多产于老叶正面。初孵幼虫在幼嫩芽叶内吐丝缀结叶尖潜居其中取食，老熟后多离开原虫苞重新缀结2片老叶，在其中化蛹。天敌有松毛虫赤眼蜂、小蜂、茧蜂、寄生蝇等。

防治方法

农业防治　冬季剪除虫枝，清除枯枝落叶和杂草，减少虫源。发生期及时摘除卵块和虫果及卷叶团，集中消灭。

生物防治　在第一、二代成虫产卵期释放松毛虫赤眼蜂，每代放蜂3~4次，5~7天1次，每亩每次放蜂量2.5万头。

化学防治　每代卵孵化盛期喷洒青虫菌，每克含100亿孢子1000倍液，可混入0.3%茶枯或0.2%中性洗衣粉提高防效；或喷洒白僵菌300倍液、90%晶体敌百虫或50%杀螟硫磷乳油1000倍液、2.5%氟氯氰菊酯乳油2000~3000倍液、10%氯菊酯乳油1500倍液等。

㉙ 茶翅蝽（图2-29-1至图2-29-5）

属半翅目蝽科。又名臭木椿象、臭木蝽、茶色蝽。

分布与寄主

分布　除新疆、青海未见报道外，其他各产区均有分布。

寄主　山楂、樱桃、柿、枣、梨、苹果、柑橘等果树和林木。

危害特点　成虫、若虫刺吸叶、嫩梢及果实汁液，致植株生长变弱，果实表面出现黑色斑点。

形态诊断　成虫：体长12~16毫米，宽6.5~9毫米，扁椭圆形，淡黄褐至茶褐色，略带紫红色，前胸背板、小盾片和前翅革质部有黑褐色刻点，前胸背板前缘横列4个黄褐色小点，小盾片基部横列5个小黄点；腹部侧接缘为黑黄相间。卵：圆筒形，直径约0.7毫米，初灰白渐至黑褐色。若虫：初孵体长1.5毫米左右，近圆形；腹部淡橙黄色，各腹节两侧节间各有1长方形黑斑，共8对；腹部第三、五、七节背面中部各有1个较大的长方形黑斑；老熟若虫与成虫相似，无翅。

发生规律　1年发生1代，以成虫在空房、屋角、檐下、树洞、土缝、石缝及草堆等处越冬。5月上旬陆续出蛰活动，6月上旬至8月产卵，多块产于叶背，每块20~30粒。卵期10~15天，6月中下旬为卵孵化盛期，7月上旬出现若虫，8月中旬至9月下旬为成虫盛期。成虫和若虫受到惊扰或触动时，即分泌臭液逃逸。天敌有椿象黑卵蜂、稻蝽小黑卵蜂等。

防治方法

生物防治　①5~7月为该虫寄生蜂成虫羽化和产卵期，果园应避免使用触杀性杀虫剂。②果园外围栽榆树作为防护林，可保护椿象黑卵蜂到林带内椿象卵上繁殖。

农业防治　冬春季捕杀越冬成虫。发生期随时摘除卵块及时捕杀初孵群集若虫。

化学防治　于成虫产卵期和低龄若虫期喷洒48%毒死蜱乳油2000倍液或20%杀螟硫磷乳油3000倍液、50%丙硫磷乳油1000倍液、5%氟虫脲乳油1000～1500倍液等。

(30) 绿盲蝽（图2-30-1，图2-30-2）

属半翅目盲蝽科。又名花叶虫、小臭虫、棉青盲蝽、青色盲蝽、破叶疯、天狗蝇等。

分布与寄主
分布　全国各产区。

寄主　棉花、山楂、枣、桃、杏、葡萄、苹果、柑橘等果树、农作物。

危害特点
成虫、若虫刺吸叶片、嫩芽汁液，造成大量破孔、皱缩不平的"破叶疯"，叶缘残缺破烂，叶卷缩畸形早落，重者腋芽、生长点受害，造成腋芽丛生。

形态诊断
成虫：体长5毫米，宽2.2毫米，绿色，密被短毛；头部三角形；触角4节丝状，约为体长2/3；前胸背板黄绿色，布许多小黑点；小盾片三角形微突，黄绿色；前翅膜片半透明暗灰色。卵：长1毫米，黄绿色，卵盖奶黄色。若虫：与成虫相似，初孵时绿色；2龄黄褐色；3龄出现翅芽；4龄翅芽超过第一腹节；5龄后全体鲜绿色，密被黑色细毛，触角淡黄色。

发生规律
1年发生3～7代，以卵在树皮裂缝、树洞、枝杈处及近树干土中越冬。翌春3～4月，卵孵化为若虫开始危害花和嫩芽、叶。成虫寿命长，喜食花蜜，产卵期30～40天。非越冬代卵多散产在嫩叶、茎、叶柄、叶脉、嫩蕾等组织内，卵期7～9天。成虫和若虫晚上和有露水的早上及阴天活动危害，爬行迅速，受惊扰立即逃匿。以春、秋两季危害重。天敌主要有寄生蜂、草蛉、捕食性蜘蛛等。

防治方法
农业防治　冬春清理园中枯枝落叶和杂草，刮刷树皮、树洞，消灭越冬卵。

生物防治　保护利用天敌。

化学防治　于3月下旬至4月上旬越冬卵孵化期、4月中下旬若虫盛发期及5月上中旬3个关键期喷洒20%杀螟硫磷乳油2500倍液或48%毒死蜱乳油1500倍液、52.25%蜱·氯乳油2000倍液、25%甲萘威可湿性粉剂600～800倍液、10%氯菊酯乳油2000～2500倍液等。

㉛ 斑须蝽（图2-31-1至图2-31-3）

属半翅目蝽科。又名细毛蝽、黄褐蝽、斑角蝽、节须蚁。

分布与寄主

分布　全国各山楂产区。

寄主　石榴、苹果、梨、桃、山楂、梅、柑橘、杨梅、枸杞、草莓等。

危害特点　成虫、若虫刺吸寄主植物的嫩叶、嫩茎、果实汁液，造成落蕾、落花，茎叶被害后出现黄褐色小点及黄斑，严重时叶片卷曲，嫩茎凋萎，影响生长发育。

形态诊断　成虫：体长8～13.5毫米，宽5.5～6.5毫米。椭圆形，黄褐或紫色，密被白色绒毛和黑色小刻点。复眼红褐色。触角5节，黑色，第一节、第二至四节基部及末端及第五节基部黄色，形成黄黑相间。喙端黑色，伸至后足基节处。前胸背板前侧缘稍向上卷，呈浅黄色，后部常带暗红。小盾片三角形，末端钝而光滑，黄白色。前翅革片淡红褐或暗红色，膜片黄褐，透明，超过腹部末端。侧接缘外露，黄黑相间。足黄褐至褐色，腿节、胫节密布黑刻点。卵：桶形，长1～1.1毫米，宽0.75～0.8毫米。初时浅黄，后变赭灰黄色。若虫：共5龄。1龄卵圆形，腹部背面中央和侧缘具黑色斑块。2龄第四、五、六腹节背面各具一对臭腺孔。3龄中胸背板后缘中央和后缘向后稍伸出。4龄腹部淡黄褐色至暗灰褐色，小盾片显露。5龄体椭圆形，黄褐至暗灰色，小盾片三角形。

发生规律　吉林1年1代，辽宁、内蒙古、宁夏2代，江西3～4代。以成虫在杂草、枯枝落叶、植物根际、树皮裂缝及屋檐下越冬。内蒙古越冬成虫4月初开始活动，4月中旬交尾产卵，4月末5月初卵孵化。第一代成虫6月初羽化，6月中旬产卵盛期，第二代卵于6月中下旬至7月上旬孵化，8月中旬成虫羽化，10月上旬陆续越冬。江西越冬成虫3月中旬开始活动，3月末4月初交尾产卵，4月初至5月中旬若虫出现，5月下旬至6月下旬第一代成虫出现。第二代若虫期为6月中旬至7月中旬，7月上旬至8月中旬为成虫期。第三代若虫期为7月中下旬至8月上旬，成虫期8月下旬开始。第四代若虫期9月上旬至10月中旬，成虫期10月上旬开始，10月下旬至12月上旬陆续越冬。第一代卵期8～14天；若虫期39～45天；成虫寿命45～63天。第二代卵期3～4天，若虫期18～23天，成虫寿命38～51天，第三代卵期3～4天，若虫期21～27天，成虫寿命52～75天，第四代卵期5～7天，若虫期31～42天，成虫寿命181～237天。成虫一般在羽化后4～11天开始交尾，交尾后5～16天产卵，产卵期25～42天。雌虫产卵于叶背面，20～30粒排成一列。

防治方法

农业防治　清除园内杂草及枯枝落叶并集中烧毁，以消灭越冬成虫。

化学防治 于若虫危害期喷洒50%马拉硫磷乳油或52.25%蚜·氯乳油1500倍液；50%丙硫磷乳油或90%晶体敌百虫800~1000倍液；2.5%溴氰菊酯乳油或20%甲氰菊酯乳油3000倍液。

㉜ 点蜂缘蝽（图2-32-1至图2-32-3）

属半翅目缘蝽科。又名棒蜂缘蝽、细蜂缘蝽。

分布与寄主

分布 全国各产区。

寄主 山楂、杏、苹果、葡萄、柑橘等果树和林木。

危害特点 成虫、若虫刺吸嫩茎、嫩叶和果实汁液。叶片和嫩茎被害后，出现黄褐色斑点，叶脉、叶肉变成暗黑色，重者导致叶片提早脱落、嫩茎枯死；果实被害，果面呈现黑色麻点。

形态诊断 成虫：体长15~17毫米，宽3.5~4.5毫米；体形狭长，黄褐至黑褐色，被白色细绒毛；头在复眼前部成三角形，后部细缩如颈；触角4节；前胸背板及胸侧板具许多不规则的黑色颗粒；小盾片三角形，前翅膜片淡棕褐色，稍长于腹末；足与体同色，后足腿节粗大，有黄斑。卵：半卵圆形，1.3毫米×1毫米。若虫：共5龄，1~4龄体似蚂蚁，5龄与成虫相似仅翅较短。

发生规律 1年发生2~3代，以成虫在枯枝落叶和草中越冬。翌年3月开始出蛰活动，4月下旬产卵。第一代若虫于5月上旬至6月中旬孵化，6月中旬至8月中旬羽化为成虫并产卵；第二代若虫于6月下旬至8月下旬孵化，7月中旬至10月下旬羽化为成虫并产卵；第三代发生期为8月中旬至11月中旬，以成虫越冬。卵散产于叶背、嫩梢上，若虫孵化后先群集，后分散危害。成虫和若虫极活跃，早、晚温度低时稍迟钝。

防治方法

农业防治 冬春清除果园及园周围枯枝落叶杂草，消灭越冬成虫。

化学防治 若虫孵化盛期，喷洒90%晶体敌百虫1000倍液或2.5%联苯菊酯乳油3000倍液、5%顺式氰戊菊酯乳油2000倍液、20%杀螟硫磷乳油1500~2000倍液、40%辛硫磷乳油1200倍液等。

㉝ 梨网蝽（图2-33-1至图2-33-5）

属半翅目网蝽科。又名梨花网蝽、梨军配虫。

分布与寄主

分布 全国各产区。

寄主 梨、山楂、樱桃、柿、李、杏、苹果、核桃等果树和林木。

危害特点 以成虫、若虫在寄主叶片背面刺吸危害，被害叶正面形成苍白斑点，叶片背面因虫所排出的粪便呈黑色油浸状斑。受害严重时全树叶片变黑褐色枯落，影响树势和产量，并诱发煤污病发生。

形态诊断 成虫：体长约3.5毫米，扁平，暗褐色；触角丝状；前胸背板中央纵向隆起，向后延伸如扁板状，盖住小盾片，两侧向外突出呈翼片状；前翅略呈长方形，具黑褐色斑纹，静止时两翅叠起黑褐色斑纹呈"X"状；前胸背板与前胸均半透明，具褐色细网纹。卵：长椭圆形，长约0.6毫米，初产淡绿渐变淡黄色。若虫：共5龄。初孵若虫乳白色，近透明，渐变成深褐色；3龄后有明显的翅芽；老熟若虫头、胸、腹部两侧均有黄褐色刺状突起。

发生规律 北方1年发生3~4代，长江流域1年发生4~5代。均以成虫在枯枝落叶、树皮裂缝、杂草及土、石缝中越冬。翌年4月上旬开始取食危害。产卵于叶片背面靠主脉两侧的叶肉内。卵期约15天，第一代若虫于4月下旬孵化，有群集性，若虫期约15天。成虫、若虫喜群集叶背主脉附近，被害叶面呈现黄白色斑点，叶背和下边叶面上常落有黑褐色带黏性的分泌物和粪便。5月中旬后各虫态同时出现，世代重叠。一年中以7~8月危害最重。高温干旱利其发生。10月中下旬以后，成虫寻找适当处所越冬。

防治方法

农业防治 冬季清除果园内枯枝、落叶、杂草，集中烧毁或深埋，以消灭越冬成虫。

化学防治 重点抓好第一代若虫孵化盛期（4月下旬）的防治，叶面喷洒40%毒死蜱乳油或40%辛硫磷乳油1000倍液、20%氰戊菊酯乳油2500倍液、2.5%氯氟氰菊酯乳油3000倍液、20%抑食肼可湿性粉剂1500~2000倍液、2%阿维菌素乳油4000~6000倍液等。

(34) **核桃尺蠖**（图2-34-1，图2-34-2）

属鳞翅目尺蛾科。又名木橑尺蠖、木橑尺蛾、洋槐尺蠖、木橑步曲、吊死鬼、小大头虫、棍虫。

分布与寄主

分布 除西藏、青海等产区未见报道外，其他各产区均有分布。

寄主 核桃、山楂、木橑、苹果、柿等果树和林木。

危害特点 幼虫食叶成缺刻或孔洞，重者把整枝叶片吃光。长江以北产区常局部重度发生，造成很大危害。

形态诊断 成虫：体长17~31毫米，翅展54~78毫米，翅体白色，头棕黄色；触角雌丝状，雄短羽状；胸背有棕黄色鳞毛，中央有一浅灰色斑纹，前后翅均有不规则的灰色和橙色斑点，中室端部呈灰色不规则块状，在前后翅外缘线上各有一串橙色和深褐色圆斑；前翅基部有一个橙色大圆斑；雌腹部肥大，末端具棕黄色毛丛；雄腹瘦，末端鳞毛稀少。卵：椭圆形，初绿色渐变至黑色。幼虫：体长70毫米左右，体色似树皮，体上布满灰白色颗粒小点；头部密布白色、琥珀色、褐色泡沫状突起，头顶两侧呈马鞍状突起；前胸盾前缘两侧各有一突起，气门两侧各生一个白点；胴部第二至第十节前缘亚背线处各有一灰白色圆斑。蛹：长30~32毫米，黑褐色。

发生规律 华北1年发生1代，浙江1年发生2~3代，以蛹在树冠下土缝或园地土块、砖石下等各种隐蔽场所越冬。华北5~8月成虫于夜晚羽化，成虫昼伏夜出，趋光性较强。每雌可产卵1000~3000粒，卵产于树皮缝或石块上，数十粒成块上覆棕黄色鳞毛。卵期9~11天。5月下旬至10月为幼虫发生期，8月危害严重。初孵幼虫有群集性，较活泼，可吐丝下垂借风力传播，2龄后分散危害。幼虫期40天左右，老熟后入土，多在3厘米深处群集化蛹越冬。

防治方法

农业防治 冬春季彻底清园，并翻耕园地，利用低温和鸟食消灭土中越冬蛹。幼虫发生期摇树震落捕杀幼虫。园内放养鸡、鸭啄食幼虫。

物理防治 利用黑光灯诱杀成虫或清晨人工捕捉。

化学防治 各代幼虫孵化盛期，特别是第一代幼虫孵化期，喷洒50%氰戊菊酯乳油2000~3000倍液或50%杀螟硫磷乳油1000倍液、90%晶体敌百虫800~1000倍液、50%辛硫磷乳油1200倍液等。依据物候期施药第一次掌握在发芽初期，第二次在芽伸长35厘米时为宜。

(35) 栗黄枯叶蛾（图2-35-1至图2-35-6）

属鳞翅目枯叶蛾科。又名栎黄枯叶蛾、绿黄枯叶蛾、蓖麻枯叶蛾。

分布与寄主

分布 山西、河北、河南、安徽、江苏、浙江、湖北、湖南、江西、福建、台湾、陕西、甘肃、四川、云南等地。

寄主 板栗、石榴、核桃、海棠、苹果、山楂、柑橘、咖啡等。

危害特点 幼虫食叶成孔洞和缺刻，严重时将叶片吃光，残留叶柄。

形态诊断 成虫：雌体长25~38毫米，翅展60~95毫米，淡黄绿至橙黄色，头黄褐色杂生褐色短毛；复眼黑褐色；触角短、双栉状。胸背黄色。翅黄绿色，外缘波状，缘毛黑褐色，前翅近三角形，内线黑褐色，外线波状暗褐色，亚端线由8~9个暗褐色纹组成断续波状横线，后缘基部中室后具1个黄褐色大斑。后翅内、外线黄褐色波状。腹末有暗褐色毛丛。雄较小，黄绿至绿色，翅绿色，外缘线与缘毛黄白色，前翅内、外线深绿色，其内侧有白条纹，亚端线波状黑褐色，中室端有1黑褐色点；后翅内线深绿，外线黑褐色波状。

腹末有黄白色毛丛。卵：椭圆形，长0.3毫米，灰白色，卵壳表面具网状花纹。幼虫：体长65~84毫米，雌长毛深黄色，雄长毛灰白色，密生。全体黄褐色。头部具不规则深褐色斑纹，沿颅中沟两侧各具1黑褐色纵纹。前胸盾中部具黑褐色“×”形纹；前胸前缘两侧各有1较大的黑色瘤突，上生1束黑色长毛。中胸后各体节亚背线，气门上、下线和基线处各生1较小黑色瘤突，上生1簇刚毛。亚背线、气门上线瘤为黑毛，余者为黄白色毛。第三至九腹节背面前缘各具1条中间断裂的黑褐色横带，其两侧各有1黑斜纹。气门黑褐色。蛹：赤褐色，长28~32毫米。茧：长40~75毫米，灰黄色，略呈马鞍形。

发生规律　山西、陕西、河南1年发生1代，南方2代，以卵越冬，寄主发芽后孵化，幼虫群集叶背取食叶肉，受惊扰吐丝下垂，2龄后分散取食，幼虫期80~90天，共7龄，7月开始老熟，于枝干上结茧化蛹。蛹期9~20天，7月下旬至8月羽化，成虫昼伏夜出，有趋光性，于傍晚交尾。卵产在枝、干上，常数十粒排成2行，黏有稀疏黑褐色鳞毛，状如毛虫。单雌产卵200~320粒。2代区，成虫发生于4~5月和6~9月。天敌有蠋敌、多刺孔寄蝇、黑青金小蜂等。

防治方法

农业防治　冬春剪除越冬卵块集中消灭。捕杀群集幼虫。

生物防治　保护利用天敌，控制害虫发生。

化学防治　卵孵化盛期是施药的关键时期，用80%丙硫磷乳油或48%哒嗪硫磷乳油、50%二嗪磷乳油、50%马拉硫磷乳油1000倍液、2.5%溴氰菊酯乳油3000~3500倍液等叶面喷雾。

36 大青叶蝉（图2-36-1至图2-36-5）

属鞘翅目象甲科。又名青叶跳蝉、青叶蝉、大绿浮尘子、桑浮尘子。

分布与寄主

分布　全国各产区。

寄主　柿、核桃、苹果、桃、葡萄、枣、板栗、樱桃、山楂、柑橘等果树和林木。

危害特点　以成虫和若虫刺吸芽、叶汁液，致叶褪色、畸形、卷缩甚至枯死，并可传播病毒病。

形态诊断　成虫：体长7~10毫米，雄较雌略小，青绿色；头橙黄色，左右各具一小黑斑，眼红色；前翅革质绿色微带青蓝，端部色淡近半透明；前翅反面、后翅和腹背均黑色，腹部两侧和腹面橙黄色。卵：长卵圆形，长约1.6毫米，乳白至黄白色。若虫：与成虫相似，共5龄，初龄灰白色；2龄淡灰微带黄绿色；3龄灰黄绿色，胸腹背面有4条褐色纵纹，出现翅芽；4、5龄同3龄，老熟时体长6~8毫米。

发生规律　北方1年发生3代，以卵在树木枝条表皮下越冬。4月孵化，于杂草、农作物及花卉上危害，若虫期30~50天。各代发生期大体为：第一代4月上旬至7月上旬，成虫5月下旬出现；第二代6月上旬至8月中旬，成虫7月出现；第三代7月中旬至11月中旬，成虫9月出现。世代重叠严重。成虫夏季趋光性强，晚秋不明显。产卵于茎秆、叶柄、主脉、枝条等组织内，每处产卵6~12粒，排列整齐，表皮成肾形凸起。非越冬卵期9~15天，越冬卵期5个月以上。春季主要危害花卉及杂草等植物，9、10月则集中于秋季花卉及其他植物上危害，10月中下旬第三代成虫陆续转移到果树、木本花卉和林木上危害并产卵于枝条内，直至秋后，以卵越冬。

防治方法

农业防治　彻底清除园内外杂草，减少叶蝉生活场所；发现产卵虫枝及时剪除销毁；夏季灯光诱杀第二代成虫，减少三代的发生。

化学防治　成虫、若虫危害期，喷洒80%晶体敌百虫1000倍液或2.5%溴氰菊酯乳油2000~3000倍液、10%吡虫啉可湿性粉剂3000倍液、52.25%蝉·氯乳油1500倍液；2%异丙威粉剂每亩2千克等。

㊲　舟形毛虫（图2-37-1至图2-37-7）

属鳞翅目舟蛾科。又名苹掌舟蛾、苹果天社蛾、黑纹天社蛾、举尾毛虫、举肢毛虫、秋黏虫、苹天社蛾、苹黄天社蛾等。

分布与寄主

分布　全国各产区。

寄主　苹果、山楂、核桃、樱桃、梨、杏、桃、李、板栗、枇杷等果树和林木。

危害特点　初龄幼虫啃食叶肉，仅留表皮，呈箩底状，稍大后把叶食成缺刻或仅残留叶柄，严重时把叶片吃光，造成二次开花。

形态诊断　成虫：体长22~25毫米，翅展49~52毫米，头胸部淡黄白色，腹背雄蛾浅黄褐色，雌蛾土黄色，末端均淡黄色；触角丝状；前翅银白色，在近基部生1长圆形斑，外缘有6个椭圆形斑，横列成带状，各斑内端灰黑色，外端茶褐色，中间有黄色弧线隔开；翅中部有淡黄色波浪状线4条；后翅浅黄白色，近外缘处生一褐色横带。卵：球形，直径约1毫米，初淡绿渐变灰色。幼虫：体长55毫米左右，被灰黄长毛；头、前胸、臀板、足均黑色，胴部紫黑色，体侧具3条紫红色线，并具多个淡黄色的长毛簇。蛹：长20~23毫米，暗红褐色至黑紫色，腹末有臀棘6根。

发生规律　1年发生1代，以蛹在树冠下土中越冬，翌年7月羽化，成虫昼伏夜出，趋光性强。卵多产在树体东北面的中下部枝条的叶背，数十粒或百余粒密集成块。卵期6~13天。低龄幼虫傍晚至早晨或阴天群集叶面，头向叶缘排列成行，由叶缘向内啃食。低龄幼虫遇惊扰或震动时，成群吐丝下垂。稍大后分散取食，白天多栖息在叶柄或枝条上，头尾翘起，状似小舟，故称舟形毛虫。幼虫期31天左右，成龄后食量大，常把叶片吃光。幼虫老熟后下树入土化蛹越冬。

防治方法

农业防治　冬春季翻耕树盘，利用低温和鸟食消灭越冬蛹；在幼虫分散危害前，及时剪除幼虫群居的枝叶烧毁；利用幼虫吐丝下垂的习性，人工震落捕杀幼虫。

生物防治　在卵发生期的7月中下旬释放松毛虫赤眼蜂，卵被寄生率可达95%以上，灭卵效果好。也可在幼虫期喷洒每克含300亿孢子的青虫菌粉剂1000倍液。

物理防治　成虫发生期利用黑光灯诱杀成虫。

化学防治　卵孵化前后和幼虫分散危害前是树上施药的关键期。可喷洒48%毒死蜱乳油或40%乙酰甲胺磷乳油、50%杀螟硫磷乳油1000~1200倍液、90%晶体敌百虫800倍液、20%戊菊酯乳油1500~2000倍液、10%醚菊酯乳油800~1000倍液、25%灭幼脲悬浮剂1500倍液、3%啶虫脒乳油2000倍液等。

(38) 铜绿金龟（图2-38-1至图2-38-3）

属鞘翅目丽金龟科。又名铜绿金龟、淡绿金龟子、青金龟子，俗称铜克螂、金克螂、瞎碰等。

分布与寄主

分布　全国除新疆、西藏、青海等少数产区未见报道外，其他产区均有分布。

寄主　山楂、核桃、樱桃、板栗、杏、苹果、梨、苹果、葡萄、柑橘等果树和林木。

危害特点　成虫主要危害嫩叶、幼芽及花器，食叶成孔洞或缺刻，顶芽被害后，主茎停止生长；花器受害易脱落。幼虫危害地下组织。

形态诊断　成虫：体长15~18毫米，宽8~10毫米，体铜绿色；头部较大，深铜绿色；触角9节鳃叶状；前胸背板发达闪光绿色；鞘翅为黄铜绿色，有光泽，并有不甚明显隆起带；胸部腹板黄褐色有细毛；腹部米黄色，雌虫腹面乳白色。卵：椭圆形，2.3毫米×2.2毫米，乳白色。幼虫：体长32毫米左右，头黄褐色，体乳白色，通称"蛴螬"。蛹：体长22~25毫米，淡黄色。

发生规律　1年发生1代，以幼虫在土内越冬。翌春3月上到表土层，5月化蛹，6月上旬至7月中旬成虫危害盛期，危害期40天左右。6月下旬至7月中旬产卵，卵多散产在4~14厘米土层中，卵期7~13天，6月中旬至7月下旬幼虫孵化，危害至深秋下移至深土层越冬。成虫昼伏夜出,飞翔力强,有较强的趋光性和假死性,晚上交尾产卵食叶危害,白天潜伏土中,喜欢栖息在深度7厘米左右、疏松潮湿的土壤里。幼虫在土壤中钻蛀,危害地下根部。

防治方法

农业防治 ①冬前耕翻园地,利用冰冻、日晒、鸟食消灭越冬幼虫。②成虫发生期于傍晚摇动树枝,下铺布单或塑料薄膜震落成虫捕杀之。

物理防治 用黑光灯诱杀。

化学防治 ①基肥里全面喷洒50%辛硫磷乳油或80%敌敌畏乳油、20%甲氰菊酯乳油1000~1500倍液等,搅拌混匀,触杀幼虫。②成虫发生危害期,叶面喷洒50%敌敌畏乳油或90%晶体敌百虫800~1000倍液、10%氯氰菊酯乳油1500~2000倍液、50%杀螟硫磷乳油1500倍液等触杀成虫。

39 黑绒金龟(图2-39-1至图2-39-3)

属鞘翅目金龟科。又名东方金龟子、天鹅绒金龟子、姬天鹅绒金龟子、黑绒鳃金龟。

分布与寄主

分布 除西藏未见报道外,其他各产区均有分布。

寄主 山楂、桃、杨、苹果等近150种植物。

危害特点 成虫食害寄主的嫩叶、芽及花;幼虫危害地下根系。

形态诊断 成虫:体长7~8毫米,宽4.5~5毫米;雄虫略小于雌虫,体卵圆形,前狭后宽;体褐色至黑色;体表具丝绒般光泽,故称天鹅绒金龟子;触角鳃叶状;前胸背板宽为长的2倍。卵:椭圆形,长1.2毫米,乳白色。幼虫:体长14~16毫米,头部黄褐色,体黄白。蛹:长8毫米,黄褐色。

发生规律 1年发生1代,以成虫在土中越冬。4月中下旬出土,5月初6月上旬为发生盛期。成虫夜间和上午潜伏在地势高燥的草荒地中,下午出土,群集危害,喜食寄主的幼嫩部分。有趋光性和假死性,飞翔力较强。6月为产卵盛期,卵散产于植物根际10~20厘米深的表土层中。卵期5~10天,6月中旬幼虫孵化食害根系。8月中下旬老熟幼虫潜入地下20~30厘米处作土室化蛹,并在其中羽化越冬。

防治方法

农业防治 冬春季深翻园地,利用低温和鸟食消灭地下越冬成虫。利用其假死性,震落扑杀成虫。

物理防治 用黑光灯诱杀成虫。

化学防治 用10%辛硫磷颗粒剂处理土壤,杀灭土壤中的幼虫。在成虫发生期于16:00后,叶面喷洒10%氯氰菊酯乳油2000倍液或2.5%溴氰菊酯乳油

2500~3000倍液、5%顺式氰戊菊酯乳油2000~4000倍液、2%杀螟硫磷可湿性粉剂或5%氟啶脲乳油1000~1200倍液等。

40 苹毛丽金龟（图2-40-1，图2-40-2）

属鞘翅目丽金龟科。又名苹毛金龟子、长毛金龟子。

分布与寄主

分布　黑龙江、吉林、辽宁、内蒙古、宁夏、甘肃、青海、陕西、山西、北京、河北、河南、山东、安徽、江苏、上海、浙江、重庆、四川等地。

寄主　苹果、石榴、梨、核桃、桃、李、杏、葡萄、山楂、板栗、草莓、黑莓、海棠等植物。

危害特点　成虫食害嫩叶、芽及花器；幼虫危害地下组织。

形态诊断　成虫：体长8.9~12.5毫米，宽5.5~7.5毫米。卵圆至长圆形，除鞘翅和小盾片外，全体密被黄白色绒毛。头胸部古铜色，有光泽；鞘翅茶褐色，具淡绿色光泽，上有纵列成行的细小点刻。触角鳃叶状9节，棒状部3节。从鞘翅上可透视出后翅折叠成"V"字形。腹部末端露出鞘翅。卵：椭圆形，长1.5毫米，初乳白后变为米黄色。幼虫：体长约15毫米，头黄褐色，头部前顶刚毛每侧7~8根，呈1纵列，后顶刚毛每侧10~11根，呈簇状，额中侧毛每侧2根，较长。臀节肛腹片覆毛区中央具2列刺毛，相距较远，每列前段由短锥状刺毛6~12根组成，后段为长针状刺毛6~10根，排列整齐。蛹：长卵圆形，长12.5~13.8毫米，宽5.5~6.0毫米，初黄白后变黄褐色。

发生规律　1年发生1代，以成虫在土中越冬。翌春3月下旬开始出土活动，主要危害蕾花，4月中旬至5月上旬危害最盛；成虫发生期40~50天，于5月中下旬成虫活动停止。4月中旬开始产卵，产卵盛期为4月下旬至5月上旬，卵期20~30天，幼虫期60~80天。幼虫发生盛期为5月底至6月初。7月底开始化蛹，化蛹盛期为8月中下旬。9月中旬开始羽化，羽化盛期为9月中旬，羽化后的成虫不出土，即在土中越冬。成虫具假死性，无趋光性，当平均气温达20℃以上时，成虫在树上过夜；温度较低时潜入土中过夜。成虫最喜食花器，故随寄主现蕾、开花早迟而转移危害，一般先危害杏、桃，后转至梨、苹果及石榴上危害。卵多产于9~25厘米土层中，并多选择土质疏松且植被稀疏的场所产卵，单雌产卵8~56粒，一般20余粒。天敌有红尾伯劳、灰山椒鸟、黄鹂等益鸟和朝鲜小庭虎甲、深山虎甲、粗尾拟地甲及寄生蜂、寄生蝇、寄生菌等。

防治方法　此虫虫源来自多方面，特别是荒地虫量最多，故应以消灭成虫为主。

农业防治　早、晚张网震落成虫，捕杀之。

生物防治　保护利用天敌。

化学防治 ①地面使药，控制潜土成虫。常用药剂有5%辛硫磷颗粒剂每亩3千克撒施、50%辛硫磷乳油每亩0.3~0.4千克加细土30~40千克拌匀成毒土撒施、稀释500~600倍液均匀喷于地面。使用辛硫磷后应及时浅耙，提高防效。②树上使药。于果树接近开花前，结合防治其他害虫喷洒52.25%蝉·氯乳油或50%二嗪磷乳油、45%马拉硫磷乳油、48%哒嗪硫磷乳油1500倍液、2.5%溴氰菊酯乳油2000~3000倍液等。

41 绣线菊蚜（图2-41-1至图2-41-4）

属同翅目蚜科。又名苹果黄蚜、苹叶蚜虫。

分布与寄主

分布 全国各产区。

寄主 苹果、山楂、梨、李、杏、柑橘、木瓜等果树和林木。

危害特点 以成虫、若虫刺吸叶和嫩梢汁液，被害叶尖向背弯曲或横卷，不能再恢复正常生长，重致落叶。

形态诊断 成虫：无翅胎生雌蚜长卵圆形，体长1.6~1.7毫米，宽0.94毫米，多为黄色，有时黄绿或绿色；头浅黑色；体表具网状纹。有翅胎生雌蚜近纺锤形，体长1.5毫米左右，翅展4.5毫米左右；头胸部、腹管尾片黑色，腹部绿色或淡绿至黄绿色；第二至四腹节两侧具大型黑缘斑。若虫：鲜黄色，无翅若蚜体肥大，有翅若蚜胸部较发达，具翅芽。卵：椭圆形，长0.5毫米，初淡黄渐至黄褐色。

发生规律 1年发生10多代，以卵在枝杈、芽旁及皮缝处越冬。翌年4月下旬越冬卵孵化，于芽、嫩梢顶端、新生叶的背面危害，10余天即发育成熟，开始进行孤雌生殖直到秋末。春季繁殖慢，多产生无翅孤雌胎生蚜；5月下旬开始出现有翅孤雌胎生蚜，并迁飞扩散；6~7月繁殖最快，虫口密度大时枝梢、叶柄、叶背布满蚜虫，危害最重，致叶片向叶背横卷，叶尖向叶背、叶柄方向弯曲。8~9月虫口密度下降，10~11月产生有性蚜交尾产卵。天敌有瓢虫、草蛉、食蚜蝇、蚜茧蜂等。

防治方法

农业防治 冬春季用硬刷子刮刷树皮裂缝，并用石灰水涂干，既消灭越冬卵，又防冻。发生初期，结合修剪剪除被害枝梢。

生物防治 保护利用天敌。

化学防治 ①早春发芽前喷洒5%柴油乳剂或黏土柴油乳剂杀卵。②越冬卵孵化后及危害期，及时喷洒1%阿维菌素3000~4000倍液、52.25%蝉·氯乳油2000倍液、48%毒死蜱乳油1500倍液、50%抗蚜威可湿性粉剂2000~2500倍液、10%氯氰菊酯乳油3000倍液、43%辛·氟乳油1500倍液、2.5%氯氟氰菊酯乳油3000倍液等。③提倡使用 EB-82灭蚜菌或 Ec. t-107杀蚜霉素200倍液，在蚜虫发生高峰前选晴天均匀喷洒。

42 苹果瘤蚜（图2-42-1，图2-42-2）

属同翅目蚜科。又名苹果卷叶蚜、苹叶蚜虫等。

分布与寄主

分布　全国各产区。

寄主　苹果、山楂等果树。

危害特点　以成蚜、若蚜群集芽、叶和果实上刺吸汁液，致受害幼叶现红斑，叶缘向背面纵卷皱缩，变黑褐干枯。被害幼果面出现红凹斑，重致畸形。

形态诊断　成虫：有翅胎生雌蚜体长1.5毫米左右，翅展4毫米，头胸部黑色，额瘤明显，腹部暗绿色，翅透明；无翅胎生雌蚜体暗绿色，长1.4~1.6毫米，头淡黑，额瘤明显。卵：长椭圆形，黑绿色，长约0.5毫米。若虫：淡绿色，似无翅胎生雌蚜。

发生规律　1年发生10余代，以卵在一年生枝条的芽旁或剪锯口处越冬，翌年寄主发芽时开始孵化群集芽叶危害，5~6月最重，因产生有翅蚜数量少而扩散缓慢，多致有虫株虫口密度大而受害重，11月产生有性蚜交配产卵越冬。天敌有多种瓢虫、草蛉、食蚜蝇、寄生蜂及蜘类。

防治方法

生物防治　保护利用天敌治蚜。

农业防治　冬前用石灰水涂干，特别注意涂抹剪锯伤口；树体喷洒2~3波美度石硫合剂或含油量5%的矿物油乳剂，具有杀卵和防病防冻双重效果。

化学防治　果树发芽前后即越冬卵孵化期，及时喷洒48%毒死蜱乳油、40%辛硫磷乳油1000~1200倍液、50%抗蚜威可湿性粉剂2000~2500倍液、25%仲丁威乳油1000~1500倍液、10%醚菊酯乳油800~1000倍液、20%戊菊酯乳油1000~1200倍液等。5~6月大发生期根据情况用上述药剂再防治1~2次。

43 茶蓑蛾（图2-43-1至图2-43-7）

属鳞翅目蓑蛾科。又名小窠蓑蛾、小蓑蛾、小袋蛾、茶袋蛾、避债蛾、茶背袋虫。

分布与寄主

分布　全国各山楂产区。

寄主　山楂、柿、桃、柑橘、石榴等100多种植物。

危害特点　幼虫在护囊中咬食叶片、嫩梢或剥食枝干、果实皮层，造成局部光秃。该虫喜集中危害。

形态诊断 成虫：雌蛾体长12~16毫米，足退化，无翅，蛆状，体乳白色；头小褐色；腹部肥大，体壁薄，能看见腹内卵粒。雄蛾体长11~15毫米，翅展22~30毫米，体翅暗褐色；触角双栉状；胸部、腹部具鳞毛；前翅翅脉两侧色略深，外缘中前方具近正方形透明斑2个。卵：椭圆形，0.8毫米×0.6毫米，浅黄色。幼虫：体长16~28毫米，头黄褐色，胸部背板灰黄白色，背侧具褐色纵纹2条，胸节背面两侧各具浅褐色斑1个；腹部棕黄色，各节背面均有"八"字形黑色小突起4个。蛹：雌蛹纺锤形，长14~18毫米，深褐色；雄蛹深褐色，长13毫米；护囊：纺锤形，枯枝色，成长幼虫的护囊，雌的长约30毫米，雄的约25毫米。囊系以丝缀结叶片、枝条碎片及长短不一的枝梗而成，枝梗整齐地纵裂于囊的最外层。

发生规律 贵州1年发生1代，华东地区1年发生1~2代，台湾2~3代。以幼虫在枝叶上的护囊内越冬。翌春3月越冬幼虫开始取食，5月中下旬化蛹，6月上旬至7月中旬成虫羽化并产卵，卵期12~17天。第一代幼虫6~8月发生且危害重，幼虫期50~60天。第二代幼虫9月出现，危害至落叶越冬。幼虫孵化后先取食卵壳，后爬上枝叶或飘至附近枝叶上，吐丝黏缀碎叶营造护囊并开始取食。天敌有蓑蛾疣姬蜂、松毛虫疣姬蜂、桑蟥疣姬蜂、大腿蜂、小蜂等。

防治方法

农业防治 发现虫囊及时摘除，集中烧毁。

生物防治 注意保护利用寄生蜂等天敌昆虫。或喷洒每克含1亿活孢子的杀螟杆菌或青虫菌6号悬浮剂防治。

化学防治 掌握在幼虫初孵期喷洒90%晶体敌百虫或50%杀螟硫磷乳油1000倍液、2.5%溴氰菊酯乳油2000倍液、10%氟丙菊酯乳油1500倍液等。

44 斑衣蜡蝉（图2-44-1至图2-44-13）

属同翅目蜡蝉科。又名椿皮蜡蝉、斑衣、樗鸡、红娘子等。

分布与寄主

分布 全国多数果产区。

寄主 柿、桃、杏、石榴、枣、核桃、香椿、山楂等果树。

危害特点 成虫、若虫刺吸枝、叶汁液，排泄物常诱发煤污病，削弱树势，严重时引起茎皮枯裂，甚至死亡。

形态诊断 成虫：体长15~20毫米，翅展39~56毫米，雄较雌小，基色暗灰泛红，体翅上常覆白蜡粉；头顶向上翘起呈短角状，触角刚毛状红色；前翅革质，基部2/3淡灰褐色，散生20余个黑点，端部1/3暗褐色，脉纹纵向整齐；后翅基部1/3红色，上有6~10个黑褐斑点，中部白色半透明，端部黑色。卵：长椭圆形，长3毫米左右，状似麦粒。若虫：体扁平，头尖长，足长；1~3龄体黑色，布许多白色斑点；4龄体背面红色，布黑色斑纹和白点；末龄体长6.5~7毫米。

发生规律　1年发生1代，以卵块于枝干上越冬。翌年4~5月孵化。若虫喜群集嫩茎和叶背危害，若虫期约90天，6月下旬至7月羽化。9月交尾产卵，多产在枝杈处的阴面，每块有卵数十粒，卵粒排列成行，上覆灰色土状分泌物。成虫、若虫均有群集性，较活泼、善跳跃，受惊扰即跳离，成虫则以跳助飞。白天活动危害。成虫寿命达4个月，危害至10月下旬陆续死亡。

防治方法

农业防治　冬春季卵块极好辨认，用硬物挤压卵块消灭。

化学防治　可喷洒无公害生产允许使用的菊酯类、有机磷等及其复配药剂，常用浓度均有较好效果。由于若虫被有蜡粉，所用药液中混用含油量0.3%~0.4%的柴油乳剂或黏土柴油乳剂，可显著提高防效。

㊸ 柿广翅蜡蝉（图2-45-1至图2-45-3）

属同翅目广翅蜡蝉科。

分布与寄主

分布　全国产区。

寄主　柿、山楂、梨、苹果、桃、李、板栗、柑橘等果树。

危害特点　成虫、若虫群集嫩枝、芽、叶背上刺吸汁液；成虫产卵于当年生枝条内。影响枝条生长和叶片光合作用，重者造成产卵部以上枯枝、落叶、落果。

形态诊断　成虫：体长8.5~10毫米，翅展24~36毫米；头、胸背面及腹面深褐色，腹部基部黄褐色；前翅宽阔多纵脉，烟褐色，前缘外1/3处有一个三角形或半圆形透明斑；后翅为暗褐色，半透明。卵：长卵形，长0.8~1.2毫米，乳白色。若虫：体长3~6毫米，略呈钝菱形，翅芽处最宽，疏被白色蜡粉；腹部末端有10条白色绵毛状蜡丝，呈扇状伸出，蜡丝长6~15毫米，常可作孔雀开屏状，向上直立或伸向后方，保护身体；1~4龄若虫白色；5龄若虫中胸背板及腹背面为灰黑色，头、胸、腹、足均为白色，中胸背板有3个白斑，斑中有1个小黑点，呈倒"品"字形排列。

发生规律　南方1年发生2代，以卵于当年生枝条内越冬。越冬卵4月上旬孵化，4月中旬至6月上旬若虫盛发，6月下旬至8月上旬成虫发生，7月中旬至8月中旬产卵。第一代若虫盛发期在8~9月，成虫发生期在9~10月，产卵期在9月上旬至10月下旬。低龄若虫群集危害，稍大后分散，白天活动。成虫羽化初体白色渐变为黑褐色，飞行能力强善跳跃，产卵于当年生直径3~6毫米嫩枝背面光滑处及叶柄、果柄、叶背叶脉的皮层内，产卵孔外带出部分木丝并覆有白色绵毛状蜡丝。成虫寿命50~70天，危害至秋后陆续死亡。

防治方法

农业防治　冬春季剪除被害产卵枝，并清除果园杂草和四周的杂灌，集中烧毁，以减少虫源。

化学防治　在两代低龄若虫发生危害期，喷洒48%哒嗪硫磷乳油1000倍液或10%吡虫啉可湿性粉剂3000~5000倍液、10%氯菊酯乳油2000~2500倍液、2%氟丙菊酯乳油1500~2000倍液等。药液中加入含油量0.3%~0.4%的柴油乳剂或黏土柴油乳剂，可溶解虫体蜡粉，显著提高防效。

46 八点广翅蜡蝉（图2-46-1至图2-46-3）

属同翅目广翅蜡蝉科。又名八点蜡蝉、八点光蝉、八斑蜡蝉、橘八点光蝉、咖啡黑褐蛾蜡蝉、黑羽衣、白雄鸡。

分布与寄主

分布　全国多数产区。

寄主　柿、山楂、桃、杏、石榴、柑橘等果树。

危害特点　成虫、若虫刺吸嫩枝、芽、叶汁液；排泄物易引发病害；雌虫产卵时将产卵器刺入嫩枝茎内，破坏枝条组织，被害嫩枝轻则叶枯黄、长势弱，难以形成叶芽和花芽，重则枯死。

形态诊断　成虫：体长6~7毫米，翅展18~27毫米，头胸部黑褐色；触角刚毛状；翅革质密布纵横网状脉纹，前翅宽大，略呈三角形，翅面被稀薄白色蜡粉，翅上具灰白色透明斑5~6个；后翅半透明，翅脉煤褐色明显，中室端有1白色透明斑。卵：长椭圆形，长1.2~1.4毫米，乳白色。若虫：低龄乳白色；成龄体长5~6毫米，宽3.5~4毫米，体略呈钝菱形，暗黄褐色；腹部末端有4束白色绵毛状蜡丝，呈扇状伸出，中间一对略长；蜡丝覆于体背以保护身体，常可作孔雀开屏状，向上直立或伸向后方。

发生规律　1年发生1代，以卵在当年生枝条里越冬。若虫5月中下旬至6月上中旬孵化，低龄若虫常数头排列于一嫩枝上刺吸汁液危害，4龄后散害于枝梢叶果间，爬行迅速善于跳跃，若虫期40~50天。7月上旬成虫羽化，飞行力较强且迅速，寿命50~70天，危害至10月。成虫产卵期30~40天，卵产于当年生嫩枝木质部内，产卵孔排成一纵列，孔外带出部分木丝并覆有白色絮状蜡丝，极易发现与识别。成虫有趋聚产卵的习性，虫量大时被害枝上刺满产卵迹痕。

防治方法

农业防治　冬春剪除被害产卵枝集中烧毁，减少来年虫源。

化学防治　虫量多时，于6月中旬至7月上旬若虫羽化危害期，喷洒48%哒嗪硫磷乳油1000倍液或10%吡虫啉可湿性粉剂3000~4000倍液、5%氟氯氰菊酯乳油2000~2500倍液等。药液中加入含油量0.3%~0.4%的柴油乳剂或黏土柴油乳剂，可溶解虫体蜡粉，显著提高防效。

47　黑蝉（图2-47-1至图2-47-9）

属同翅目蝉科。又名蚱蝉，俗名蚂吱嘹、知了、蜘蟟。

分布与寄主

分布　全国各产区。

寄主　山楂、柿、枣、桃、梨、杏、石榴、苹果、核桃、板栗、柑橘等上百种果树和林木。

危害特点　成虫刺吸枝条汁液，并产卵于一年生枝条木质部内，造成枝条枯萎而死。若虫生活在土中，刺吸根部汁液，削弱树势。

形态诊断　成虫：雌体长40~44毫米，翅展122~125毫米；雄体长43~48毫米，翅展120~130毫米；体黑色有光泽，被金色绒毛；中胸背板宽大，中间高并具有"×"形隆起；翅透明；雄虫腹部有鸣器，作"吱"声长鸣，雌虫则无，但有听器。卵：长椭圆形，2.5毫米×0.5毫米，白色。若虫：初孵乳白色，渐至黄褐色，体长30~37毫米；前足开掘式，能爬行。

发生规律　经4~5年完成1代，以卵于被害树枝内及若虫于土中越冬。越冬卵于翌年春孵化，若虫孵化后，潜入土壤中50~80厘米深处，吸食树木根部汁液，在土中生活12~13年。若虫老熟后于6~8月出土羽化，羽化盛期为7月。若虫于夜间出土，高峰时间为20：00~24：00时，出土后不久羽化为成虫。成虫寿命60~70天，栖息于树枝上，夜间有趋光扑火的习性，白天"吱吱"鸣叫之声不绝于耳。产卵于当年生嫩梢木质部内，产卵带长达30厘米左右，产卵伤口深及木质部，受害枝条干缩翘裂并枯萎。

防治方法

农业防治　利用若虫出土附在树干上羽化的习性和若虫可食的特点，发动群众于夜晚捕捉食用。成虫发生期于夜间在园内、外堆草点火，同时摇动树干诱使成虫扑火自焚。在雌虫产卵期，及时剪除产卵萎蔫枝梢，集中烧毁。

化学防治　产卵后入土前，喷洒40%辛硫磷乳油或45%马拉硫磷乳油、50%丙硫磷乳油1000倍液、2.5%溴氰菊酯乳油或10%氯菊酯乳油2000倍液等。

48　草履蚧（图2-48-1至图2-48-10）

属同翅目绵蚧科。又名柿草履蚧、草履硕蚧、草鞋介壳虫。

分布与寄主

分布　全国各产区。

寄主　山楂、柿、桃、樱桃、杏、石榴、苹果、柑橘等果树。

危害特点　若虫和雌成虫刺吸嫩枝芽、叶、枝干和根的汁液,削弱树势,重者致树枯死。

形态诊断　成虫:雌体长10毫米,扁平椭圆形,背面隆起似草鞋,体背淡灰紫色,周缘淡黄,体被白蜡粉和许多微毛;触角黑色丝状;腹部8节,腹部有横皱褶和纵沟;雄体长5~6毫米,翅展9~11毫米,头胸黑色,腹部深紫红色,触角黑色念珠状;前翅紫黑至黑色,后翅特化为平衡棒。卵:椭圆形,长1~1.2毫米,淡黄褐色,卵囊长椭圆形,白色绵状。若虫:体形与雌成虫相似,体小色深。雄蛹:褐色,圆筒形,长5~6毫米。

发生规律　1年发生1代,以卵和若虫在土缝、石块下或10~12厘米土层中越冬。卵于2月至3月上旬孵化为若虫并出土上树,初多于嫩枝、幼芽上危害,行动迟缓,喜于皮缝、枝杈等隐蔽处群栖,稍大喜于较粗的枝条阴面群集危害;雌若虫5月中旬至6月上旬羽化,危害至6月陆续下树入土分泌卵囊,产卵于其中,以卵越夏越冬。天敌有红环瓢虫、暗红瓢虫等。

防治方法

农业防治　①雌成虫下树产卵前,在树干基部挖坑,内放杂草等诱集产卵,后集中处理。②阻止初龄若虫上树。若虫上树前将树干老翘皮刮除10厘米宽1周,上涂胶或废机油,隔10~15天涂1次,涂2~3次,注意及时清除环下的若虫。树干光滑者可直接涂。

生物防治　保护利用自然天敌。

化学防治　若虫发生期喷洒48%哒嗪硫磷乳油1500倍液或50%辛硫磷乳油1000倍液、2.5%溴氰菊酯乳油2000倍液、5%顺式氰戊菊酯乳油2000~3000倍液。隔7~10天1次,连续防治3~4次。

㊾ 枣龟蜡蚧（图2-49-1至图2-49-5）

属同翅目蜡蚧科。又名日本蜡蚧、日本龟蜡蚧、龟蜡蚧、龟甲蜡蚧。俗称枣虱子。

分布与寄主

分布　全国除新疆、西藏未见报道外,其他各产区均有发生。

寄主　山楂、柿、桃、枣、杏、石榴、柑橘等果树。

危害特点　若虫固贴在叶面上吸食汁液,排泄物布满枝叶,7~8月雨季易引起大量煤污菌寄生,使叶、枝条、果实布满黑霉,影响光合作用和果实生长。

形态诊断　雌成虫:虫体椭圆形,紫红色,背覆白蜡质介壳,表面有龟状凹纹，体长约3毫米，宽2～2.5毫米；雄成虫：体长1.3毫米，翅展2.2毫米，体棕褐色，头及前胸背板色深，触角丝状；翅1对白色透明。卵：椭圆形，长径约0.3毫米，橙黄至紫红色。若虫：体扁平椭圆形，长0.5毫米，后期虫体周围出现白色蜡壳。蛹：仅雄虫在介壳下化为裸蛹，梭形，棕褐色。

发生规律　1年发生1代，以受精雌虫密集在1～2年生小枝上越冬。越冬雌虫4月初开始取食，5月下旬至7月中旬产卵，卵期10～24天。6月中旬至7月上旬孵化，初孵若虫多爬到嫩枝、叶柄、叶面上固着取食，8月初雌虫开始性分化，8月下旬至10月上旬雄虫羽化，交配后即死亡。雌虫陆续由叶转到枝上固着危害，至秋后越冬。卵孵化期间，空气湿度大，气温正常，卵的孵化率和若虫成活率高。天敌有瓢虫、草蛉、长盾金小蜂、姬小蜂等。

防治方法　防治关键期是雌虫越冬期和夏季若虫前期。

农业防治　从11月至翌年3月刮刷树皮裂缝中的越冬雌成虫，剪除虫枝；冬春季遇雨雪天气，及时敲打树枝震落冰凌，可将越冬雌虫随冰凌震落。

生物防治　保护利用天敌。

化学防治　在6月末7月初，喷洒50%甲萘威可湿性粉剂400～500倍液或20%甲氰菊酯乳油3000～4000倍液、20%啶虫脒可湿性粉剂2000倍液等；秋后或早春喷洒5%的柴油乳剂防效好。

㊿　康氏粉蚧（图2-50-1至图2-50-3）

属同翅目粉蚧科。又名梨粉蚧、李粉蚧、桑粉蚧。

分布与寄主

分布　全国各产区。

寄主　山楂、柿、枣、石榴、苹果、梨、桃、柑橘等果树。

危害特点　成虫、若虫刺吸植物的幼芽、嫩枝、叶片、果实和根部的汁液；嫩枝和根部受害常肿胀且易纵裂而枯死；幼果受害多成畸形果。排泄物常引发煤污病的发生，影响光合作用。

形态诊断　成虫：雌体长3～5毫米，扁平椭圆形，体粉红色，表面被有白色蜡质物，体缘具有17对白色蜡丝，体前端的蜡丝较短，后端稍长，而最末一对特长，几乎与体长相等；雄成虫体长约1毫米，紫褐色，翅透明仅1对，翅展约2毫米，后翅退化成平衡棒。卵：椭圆形，长约0.3毫米，浅橙黄色。若虫：体扁平椭圆形，长约0.4毫米，淡黄色，外形似雌成虫。蛹：仅雄虫有蛹期，浅紫色。

发生规律　黄淮地区1年发生3代。以卵在树干、枝条粗皮缝隙或石缝土块中以及其他隐蔽场所越冬。翌年春果树发芽时，越冬卵孵化成若虫开始危害幼嫩部分。第一代若虫发生在5月中下旬，第二代若虫发生在7月中下旬，第三代在8月下旬。雌成虫在枝干粗皮裂缝内或果实萼筒柄洼等处产卵，有的将卵产在土内。在产卵时，雌成虫分泌大量似絮状蜡质卵囊，卵即产在卵囊内，数十粒集中成块。天敌有草蛉、瓢虫等。

防治方法

农业防治　在晚秋树干束草或绑扎破麻袋，诱雌成虫产卵，翌年春卵孵化之前将草束等物取下烧毁。冬春季刮树皮或用硬毛刷子刷除越冬卵，集中烧毁或深埋。

生物防治　有条件的地区可人工饲养和释放捕食性草蛉、瓢虫等天敌。

化学防治　早春喷施5%轻柴油乳剂或3~5波美度的石硫合剂；在各代若虫孵化期喷洒5%氟虫脲乳油1200倍液或90%晶体敌百虫1500倍液、50%杀螟硫磷乳油或10%醚菊酯乳油1000倍液。

⑤1 苹果球蚧（图2-51-1）

属同翅目蜡蚧科。又名西府球蜡蚧、沙里院球蚧、沙里院褐球蚧。

分布与寄主

分布　辽宁、河北、山东、宁夏及周边产区。

寄主　苹果、山楂、梨、桃、樱桃等果树。

危害特点　若虫和雌成虫刺吸枝、叶汁液，排泄物易诱发煤污病发生，影响光合作用，削弱树势，重致枝叶枯死。

形态诊断　成虫：雌体长4.5~7毫米，宽4.2~4.8毫米，高3.5~5毫米，产卵前体呈卵圆形，赭红色；产卵后体呈褐色球形，表皮硬化而光亮。雄体长2毫米，翅展5.5毫米，淡棕红色；前翅发达乳白色半透明，后翅退化为平衡棒；腹末具2条白色细长蜡丝。卵：圆形，0.5毫米×0.3毫米，淡橘红色被白蜡粉。若虫：初孵体长0.5~0.6毫米，橘红或淡血红色；固着后渐分泌出淡黄半透明的蜡壳，扁平椭圆形，长1毫米，宽0.5毫米，壳面有9条横隆线；越冬后雌体呈卵圆形，栗褐色，雄体长椭圆形暗褐色，表面被白色蜡粉。雄蛹：长卵形，长2毫米，淡褐色。茧：长椭圆形，长3毫米，表面有绵毛状白蜡丝。

发生规律　1年发生1代，以若虫在1~2年生枝上及芽旁、皮缝固着越冬。翌春果树萌芽期开始危害，4月下旬至5月上中旬羽化并产卵于体下。5月下旬卵孵化后分散到嫩枝或叶背固着危害，发育极缓慢，直到10月落叶前转移到枝上固着越冬。行孤雌生殖和两性生殖。天敌有瓢虫和寄生蜂等。

防治方法

农业防治　加强检疫，不从疫区调苗，防止传播蔓延。发生初期常呈点片分布，要及时剪除有虫枝烧毁或用手抹抹有虫枝，以铲除虫源。

生物防治　注意保护和引放利用天敌。

化学防治　①发芽前枝干上喷洒3～5波美度石硫合剂或45%晶体石硫合剂200倍液、94%机油乳剂100倍液、含油量4%～5%的柴油乳剂或黏土柴油乳剂。只要喷洒周到均匀杀虫效果极好，不需采用其他措施。②如果发芽期防治不及时可于5月下旬卵孵化前后叶面喷洒50%甲萘威可湿性粉剂400～500倍液或50%敌敌畏乳油1000倍液、20%甲氰菊酯乳油2500～3000倍液、10%联苯菊酯乳油2000～2500倍液等。

52 吹绵蚧（图2-52-1至图2-52-4）

属同翅目绵蚧科。又名绵团蚧、白蚰、白蜱、棉花蚰、澳州吹绵蚧、白条介壳虫、棉座介壳虫。

分布与寄主

分布　安徽、江苏、上海、江西、福建、台湾、湖北、湖南、广东、海南、广西、贵州、重庆、四川、云南及北方温室。

寄主　柑橘、石榴、枇杷、枸杞、无花果、柿、葡萄、柠檬、茶、橙、山楂、苹果、梨等280余种植物。

危害特点　若虫和雌成虫群集枝、芽、叶上吸食汁液，排泄蜜露诱致煤污病发生。削弱树势，重者枯死。

形态诊断　成虫：雌椭圆形，体长5～7毫米，暗红或橘红色，背面生黑短毛被白蜡粉向上隆起，发育到产卵期，腹末分泌出白色卵囊，卵囊上具14～16条纵脊，卵囊长4～8毫米。雄体长3毫米，橘红色，胸背具黑斑，触角10节似念珠状，黑色；前翅紫黑色，后翅退化；腹端两突起上各生4根长毛。卵：长椭圆形，长0.7毫米，橙红色。若虫：体椭圆形，眼、触角和足均黑色，体背覆有浅黄色蜡粉。雄蛹：椭圆形，长2.5～4.5毫米，橘红色。茧：长椭圆形，覆有白蜡粉。

发生规律　华东与中南地区1年发生2～3代，四川3～4代，以若虫和雌成虫或南方以少数带卵囊的雌虫越冬。发生期不整齐。第二代卵发生期为7月上旬至8月中旬，7月中旬出现若虫，早的当年可羽化，少数可产卵，多以第二代若虫越冬。福建、广东、台湾第二代发生于7～8月，第三代9～11月，少数第四代盛期出现在11月以后。台湾完成1代夏季约80天，冬季130天。交尾后6～11天开始产卵，产卵期5～45天。初龄若虫在叶背主脉两侧定居，2龄后转移到枝干上群集危害，雌成虫定居后不再移动，成熟后分泌卵囊产卵于内，每雌可产卵数百至2000粒。雄虫少，多营孤雌生殖，但越冬代雄虫较多，常在树皮缝隙、叶背及土中结茧化蛹。越冬代雌、雄成虫交尾后产卵甚多，常在5～6月成灾。天敌有澳洲瓢虫、大红瓢虫、小红瓢虫及寄生菌等。

防治方法

生物防治　保护引放澳洲瓢虫，大、小红瓢虫，红环瓢虫等。在石榴园以

10∶1的株上放澳洲瓢虫，即每10株放置1株，每株放100~150头，通常放瓢虫1个月后，便可消灭吹绵蚧，但是当瓢蚧比接近1∶15左右时要转移瓢虫，以免自相残杀。

农业防治　剪除虫枝或刷除虫体。果树休眠期喷1~3波美度石硫合剂、45%晶体石硫合剂30倍液；北方可在发芽前喷3~5波美度石硫合剂或45%晶体石硫合剂20倍液、含油量5%的矿物油乳剂、94%机油乳剂50倍液。

化学防治　初孵若虫分散转移期或幼蚧期喷洒20%氰戊菊酯1500~2000倍液或48%哒嗪硫磷乳油1000倍液。

53　金缘吉丁虫（图2-53-1至图2-53-3）

属鞘翅目吉丁虫科。又名翡翠吉丁、梨金缘吉丁虫、褐绿吉丁、金背吉丁。

分布与寄主

分布　全国各产区。

寄主　枣、桃、梨、苹果、山楂、李等果树。

危害特点　以幼虫蛀食枝干树皮及木质部，幼虫蛀道在韧皮部和木质部之间，蛀道内充满褐色虫粪和木屑，被害处树皮变黑，内部组织变褐。

症形诊断　成虫：体长13~17毫米，身体稍扁，翠绿色，具金属光泽，前胸背板及鞘翅外缘红色；前胸背板密布刻点；小盾片扁梯形；鞘翅上有由10余条蓝黑色断续的纵纹组成的纵沟；鞘翅端部锯齿状；雌虫腹部末端钝圆，雄虫稍尖。卵：椭圆形，长约2毫米，初乳白渐变为黄褐色。幼虫：老熟幼虫体长30~36毫米，扁平，乳白色至黄白色；头小，暗褐色；前胸膨大，背板中央有1个"人"字形凹纹；腹部10节，分节明显。蛹：体长15~20毫米，初乳白色渐变为紫绿色，有光泽。

发生规律　1~2年发生1代，江西、湖北、江苏等地1年发生1代，华北2年发生1代，均以不同龄期的幼虫在被害枝干的蛀道内越冬，越冬部位多在外皮层。翌春果树萌芽期，幼虫开始活动，老熟后在蛀道内化蛹。约在4月下旬羽化为成虫。成虫羽化后暂不出洞，5月中旬向外咬一扁形羽化孔爬出，一直延续到7月上旬。成虫白天取食叶片补充营养，早晚静伏叶上，遇惊扰下坠落地，有假死习性。成虫产卵期约10天，产卵于树干皮缝和伤口处，一处产卵2~3粒。单雌产卵20~40粒。5月下旬为产卵盛期，6月上旬为幼虫孵化盛期。初孵幼虫先在皮层处取食，随虫龄增大逐渐向形成层串食，蛀道不规则，到秋后幼虫蛀入木质部，在此越冬。待蛀道绕枝干一周后，至整株（枝）枯死。

防治方法

农业防治　①加强栽培管理，减少树体伤口，以减少成虫产卵条件，降低危害。②根据幼树被害处凹陷变黑、易被识别的特点，常检查并及时用刀将皮层的幼虫挖除。

化学防治 在成虫羽化后出洞前，在枝干上喷洒50%辛硫磷乳油800倍液或90%晶体敌百虫600倍液；在成虫出洞后，喷洒2%阿维菌素乳油1000倍液或50%杀螟硫磷乳油1200倍液、40.7%毒死蜱乳油2000倍液；在6~7月幼虫孵化期，结合人工刮除幼虫，在树干上涂抹52.25%蜱·氯乳油100倍液或3%氯氰菊酯乳油200倍液、50%马拉硫磷乳油150倍液等。

54 柳蝙蛾（图2-54-1，图2-54-2）

属鳞翅目蝙蝠蛾科。又名蝙蝠蛾、东方蝙蝠蛾。

分布与寄主

分布 东北、江淮及南方果产区。

寄主 山楂、核桃、栗、葡萄、樱桃、梨、苹果、杏、枇杷等果树、林木。

危害特点 幼虫危害枝条，把木质部表层蛀成环形凹陷坑道，致受害枝条生长衰弱，重则枝条枯死，遭风易折断。

形态诊断 成虫：体长32~36毫米，翅展61~72毫米，体色变化较大，刚羽化绿褐色，渐变粉褐，后变茶褐色；前翅前缘有7个半环形斑纹，翅中央有1个深褐色微暗绿的三角形大斑，外缘具由并列的模糊的弧形斑组成的宽横带；后翅暗褐色；雄蛾后足腿节背侧密生橙黄色刷状毛。卵：球形，直径0.6~0.7毫米，黑色。幼虫：体长50~80毫米，头部褐色，体乳白色，圆筒形，布有黄褐色瘤状突起。蛹：圆筒形，黄褐色。

发生规律 辽宁1年发生1代，少数2代，以卵在地面或以幼虫在枝干髓部越冬，翌年5月开始孵化，6月中旬在花木或杂草茎中危害，6~7月转移到附近木本寄主上，蛀食枝干。8月上旬开始化蛹，8月下旬至9月成虫羽化。成虫昼伏夜出，卵产在地面上越冬，每雌可产卵2000~3000粒。两年1代者幼虫翌年8月于被害处化蛹，9月成虫羽化。天敌有孢目白僵菌、柳蝙蛾小寄蝇等。

防治方法

农业防治 冬春季耕翻园地，将卵翻压至深层土壤，至幼虫不能正常孵化出土；及时清除园内杂草，集中深埋或烧毁；及时剪除被害虫枝。

生物防治 保护利用天敌。

化学防治 ①地面施药。5月至6月上旬幼虫孵化及低龄幼虫在地面活动期，地面喷洒40%辛硫磷乳油600~800倍液；45%马拉硫磷乳油或48%毒死蜱乳油800~1000倍液；2.5%溴氰菊酯乳油或20%氰戊菊酯乳油1500~2000倍液等2~3次，省工且效果好。②枝干涂药。于幼虫上树前，树干上涂抹上述药液，毒杀上树幼虫。③虫孔注药。幼虫钻入枝干后，可用80%敌敌畏乳油50倍液及上述药液50~100倍液注入虫孔，每孔10~20毫升，注意不要注入太多，以能杀死幼虫药液被树体吸收为好，注多了容易造成烂干。

55 瘤胸材小蠹（图2-55-1至图2-55-3）

属鞘翅目小蠹科。

分布与寄主

分布 长城以南及西藏、新疆等产区。

寄主 柿、山楂、桃、核桃、杨等果树和林木。

危害特点 成虫、幼虫在干、枝木质部内蛀食，影响树势。

形态诊断 成虫：体长2~2.5毫米，宽0.8~0.9毫米，雄较雌略小，体棕褐色，密被浅黄色绒毛；前胸背板红褐色，鞘翅暗褐色至黑褐色，头部被前胸背板遮盖；前胸粗大，长为鞘翅长的2/3，背板上布满颗瘤；小盾片三角形狭长；鞘翅端部微斜截，鞘翅上各具8列纵刻点沟；腹板5节被鞘翅覆盖；触角7节短小锤状。卵：近球形，乳白色。幼虫：体长2.2毫米左右，略弯，无足，头浅黄，口器淡褐色，胴部乳白色12节；胸部粗大。蛹：长2毫米，乳白至浅黄色。

发生规律 生活史不详。初步观察：成虫行动迟缓，多在老翘皮下蛀入树体，蛀孔圆形，直径约0.8毫米。蛀道不规则，水平横向居多，长短十几厘米至20余厘米，蛀道末端为卵室。幼虫孵化后在卵室和蛀道内活动危害，老熟幼虫在蛀道侧蛀蛹室化蛹。新羽化成虫出树期和侵入时，常在树干上爬行并在蛀孔处频繁进出，是药剂防治的关键期。

防治方法

农业防治 加强果园综合管理，增施有机肥，科学修剪减少伤口，冬季防冻害早春防霜冻，合理灌排水，疏花疏果防止大小年现象，及时防治病虫害，增强树势，提高抗病虫能力。

化学防治 掌握成虫出树期和侵入期树干喷药至淋洗状态。可喷洒5%氯氟氰菊酯乳油或2.5%溴氰菊酯乳油、10%联苯菊酯乳油、20%甲氰菊酯乳油、10%氯氰菊酯乳油、20%氰戊菊酯乳油1500~3000倍液等；5%氟啶脲乳油或10%吡虫啉可湿性粉剂、48%毒死蜱乳油、40%辛硫磷乳油、45%马拉硫磷乳油800~1000倍液等，单用、混用或其复配剂均可。兼对吉丁虫等枝干害虫有防治作用。

56 四点象天牛（图2-56-1，图2-56-2）

属鞘翅目天牛科。又名黄斑眼纹天牛。

分布与寄主

分布 全国各产区。

寄主　山楂、苹果、核桃等果树、林木。

危害特点　成虫取食枝干嫩皮；幼虫蛀食枝干皮层和木质部，喜于韧皮部与木质部之间蛀食，隧道不规则，内有粪屑，致树势衰弱或枯死。

形态诊断　成虫：体长8~15毫米，宽3~6毫米，黑色，杂有金黄色毛斑，触角11节赤褐色；头部及前胸背板有小颗粒及点刻，前胸中后方及两侧有瘤状突起，中具4个略呈方形排列的丝绒状黑斑，每斑镶金黄色绒毛边；鞘翅上有许多不规则形黄色斑和近圆形黑斑点；翅中段色较淡，在淡色区的上、下缘中部各有一较大的不规则形黑斑；小盾片中部金黄色。卵：椭圆形，长2毫米，乳白渐变淡黄白色。幼虫：体长25毫米，淡黄白色，头黄褐色，口器黑褐色，前胸显著粗大，前胸盾矩形黄褐色；胴部13节。蛹：长10~15毫米，淡黄褐渐变为黑褐色。

发生规律　黑龙江2年1代，以幼虫或成虫越冬。翌春5月初越冬成虫开始危害、交配产卵。卵多产在树皮缝、枝节、死节处，尤喜产在腐朽变软的树皮上。卵期15天，5月底幼虫孵化后蛀入韧皮部与木质部之间蛀食，隔一定距离向外蛀一排粪孔。秋后于蛀道内越冬。第二年危害至7月底前后老熟于隧道内化蛹，蛹期10余天，羽化后咬圆形羽化孔出树，于落叶层和干基部各种缝隙内越冬。

防治方法

农业防治　加强综合管理，增施有机肥、合理灌排水，及时防治病虫害，增强树势，提高抗虫能力。冬春季科学修剪，彻底剪除衰弱、枯死枝集中处理，剪枝后注意伤口涂药消毒保护，促进伤口愈合；结合修剪涂白剂涂干防冻害，春季防霜冻，以减少树体伤口，创造不利成虫产卵的条件。产卵期后刮粗翘皮，消灭部分卵和初龄幼虫。刮皮后及时涂消毒剂保护。

化学防治　卵孵化盛期和初龄幼虫期为施药关键期，①虫孔注药液。用90%晶体敌百虫或80%敌敌畏乳油、50%辛硫磷乳油、50%杀螟硫磷乳油、20%甲氰菊酯乳油、50%吡虫啉乳油等30~60倍液，从新鲜排粪孔注入药液，毒杀新蛀入幼虫，每孔最多注10毫升，然后用湿泥封孔。②树冠喷药。成虫发生期喷洒10%氯氰菊酯乳油2000倍液或2.5%溴氰菊酯乳油2500倍液、20%醚菊酯乳油1000倍液及上述药液，使用浓度严格按标定要求进行，注意枝干上要全部着药。

(57) **桃红颈天牛**（图2-57-1至图2-57-4）

属鞘翅目天牛科。又名红颈天牛、铁炮虫、哈虫。

分布与寄主

分布　全国多数产区。

寄主　柿、山楂、桃、杏、樱桃、苹果、柑橘等果树、林木。

危害特点　幼虫于韧皮部和木质部间蛀食，向下蛀弯曲隧道，内有粪屑，长达50~60厘米，隔一定距离向外蛀一排粪孔，致树势衰弱或枯死。

形态诊断 成虫：体长28~37毫米，体黑蓝有光泽，触角丝状11节，超过体长，前胸中部棕红色，背面具瘤状突起4个，侧刺突端尖锐，鞘翅基部宽于胸部，后端略窄，表面光滑。卵：长椭圆形，长6~7毫米，乳白色。幼虫：体长42~50毫米，黄白色，前胸背板横长方形，前半部横列黄褐色斑块4个，背面2个横长方形；后半部色淡有纵皱纹。蛹：长26~36毫米，淡黄白至黑色。

发生规律 2~3年1代，以各龄幼虫越冬。寄主萌动后开始危害。成虫发生期南方5月下旬、北方7月上中旬至8月中旬盛发。成虫羽化后3~5天即产卵于距地面35厘米以内树皮裂缝中，卵期7~9天。幼虫孵化后先蛀入韧皮部与木质部之间危害，虫体长大后才蛀入木质部危害，多由上向下蛀食成30~60厘米长的弯曲隧道，可达主根分叉处，隔一定距离向外蛀一排粪孔，粪屑堆积地面或枝干上。幼虫期23~35个月，经2~3个冬天始老熟化蛹，蛹期17~30天。天敌有肿腿蜂等。

防治方法

农业防治 成虫发生期白天捕杀成虫；幼虫孵化后检查枝干，发现新排粪孔时，用铁丝刺到隧道底部，上下反复几次，刺杀幼虫；及时清除死树和死枝，消灭虫源。在树干上涂刷石灰硫黄混合涂白剂（生石灰10份、硫黄1份、水40份）防止成虫产卵。

生物防治 保护利用天敌。

化学防治 6~9月份发现排粪孔后，初期可用50%丙硫磷乳油10~20倍液涂抹排粪孔；防治晚时可先清除其中的粪便、木屑，然后塞入蘸有40%辛硫磷乳油10~20倍液的棉球或药泥，杀虫效果均良好。

58 粒肩天牛（图2-58-1至图2-58-4）

属鞘翅目天牛科。又名桑天牛、桑黑天牛等。

分布与寄主

分布 全国各产区。

寄主 苹果、山楂、核桃、梨、李、柑橘、杏、无花果等果树。

危害特点 成虫食害嫩枝皮和叶；幼虫于枝干的皮下和木质部内蛀食，削弱树势，重者致树枯死。

形态诊断 成虫：体长26~51毫米，宽8~16毫米，黄褐色至浅褐色，密被青棕或棕黄色绒毛；触角丝状；前胸背板具不规则的横皱，侧刺突粗壮；鞘翅基部密布黑色光亮的颗粒状突起，约占全翅长的1/4~1/3，翅端内、外角均呈刺状突出。卵：长椭圆形，长6~7毫米，初乳白渐变淡褐色。幼虫：体长60~80毫米，圆筒形，乳白色；头黄褐色，大部缩在前胸内；腹部13节，无足，背板上密生黄褐色刚毛，后半部生赤褐色颗粒状小点并有“小”字形凹纹。蛹：长30~50毫米，纺锤形，初淡黄渐变黄褐色。

发生规律 北方2~3年1代，广东1年1代，以幼虫在枝干内越冬，寄主萌动后开始危害，落叶后休眠越冬。北方地区，幼虫经过2~3个冬天，于6~7月间老熟后在隧道内化蛹，7~8月间羽化后从羽化孔钻出。成虫昼伏晚出，卵多产于2~4年生、直径10~20毫米枝条的中下部的上方，产卵前先将表皮咬成“U”形伤口，然后产卵于其中。单雌产卵期达40余天。卵期10~15天，孵化后先于韧皮部和木质部间蛀食，然后蛀入木质部内向下蛀食并至髓部。隔一定距离向外蛀一通气排粪屑孔，排出大量粪屑，低龄幼虫粪便红褐色细绳状，大龄幼虫的粪便为锯屑状。幼虫一生蛀隧道长达2米左右，隧道内无粪便与木屑。

防治方法

农业防治 冬春季彻底剪除虫枝，集中处理；成虫发生期及时捕杀成虫，消灭在产卵之前；成虫产卵盛期后于产卵伤口处挖卵和初龄幼虫；用细铁丝从新鲜排粪孔处插入刺杀虫道内的幼虫。

化学防治 卵孵化盛期和初龄幼虫期为施药关键期，施药方法为：①药剂涂产卵槽。用90%晶体敌百虫或80%敌敌畏乳油、50%杀螟硫磷乳油、20%甲氰菊酯乳油、50%吡虫啉乳油等30~50倍液，涂抹产卵刻槽杀虫效果很好。②虫孔注药液。用50%辛硫磷乳油10~20倍液或上述药液从新鲜排粪孔注入，毒杀新蛀入幼虫，每孔最多注10毫升，然后用湿泥封孔。③树冠喷药。成虫发生期喷洒20%醚菊酯乳油1000倍液及上述药液，使用浓度严格按标定要求进行，注意枝干上要全部着药。

59 小木蠹蛾（图1-59-1至图1-59-3）

属鳞翅目木蠹蛾科。

分布与寄主

分布 黑龙江、吉林、辽宁、内蒙古、宁夏、甘肃、陕西、北京、河北、河南、山东、安徽、江苏、上海、江西、湖南、福建等地。

寄主 苹果、石榴、山楂、银杏等。

危害特点 幼虫在根颈、枝干的皮层和木质部内蛀食，形成不规则的隧道，削弱树势，重者死亡。被害处几乎全被虫粪所包围。

形态诊断 成虫：体长21~27毫米，翅展41~49毫米。触角线状，扁平；头顶毛丛灰黑色，体灰褐色，中胸背板白灰色。前翅灰褐色，中室及前缘2/3处为暗黑色，中室末端有1个小白点，亚端线黑色明显，外缘有一些褐纹与缘毛上的褐斑相连。后翅灰褐色。幼虫：扁圆筒形，老熟幼虫体长30~38毫米。头部棕褐色，前胸板有褐色斑纹，中央有一“◇”形白斑，中、后胸半骨化斑纹均为浅褐色。腹背浅红色，每节体节后半部色淡，腹面黄白色。

发生规律 多数地区1年发生1代，也有2~3年1代的。北京2年1代，越冬幼虫翌春芽鳞片绽开时出蛰，幼虫10~12龄，3龄前有群集性，3龄后分散蛀入树干髓部。6月中旬化蛹，6月下旬羽化。幼虫2次越冬，跨经3个年度，发育历期640~723天。成虫初见期为6月上中旬，末期为8月中下旬。成虫羽化以午后和傍晚较多，成虫白天在树洞、根际草丛及枝梢隐蔽处隐藏，夜间活动，以20：00~23：00最为活跃。成虫有趋光性。成虫羽化当天即可交配。成虫产卵于树皮缝隙内，每雌产卵50~420粒，卵期9~21天。成虫寿命2~10天。7月中旬可见初孵幼虫，初孵幼虫有群集性，先取食卵壳，后蛀入皮层、韧皮部危害。3龄后分散钻蛀木质部，隧道很不规则，常数头聚集危害。幼虫耐饥力强，中龄幼虫可达34~55天。幼虫10月下旬开始在树干内越冬。翌年5月上旬开始在蛀道内吐丝与木屑缀成薄茧化蛹。蛹期7~26天。

防治方法

农业防治 幼虫危害初期清除皮下群集幼虫，或用50%辛硫磷乳油与柴油1：9比例混合液涂抹被害处，毒杀初侵幼虫。

物理防治 利用黑光灯和性诱剂诱杀。

生物防治 用芜菁夜蛾线虫水悬浮液注射于蛀孔内，剂量每毫升清水中含1000~2000条线虫。直至枝干下部连通的排粪孔流出线虫水悬液为止，2~5天后树干内的幼虫爬出树外，防效优异，注射时间北京以4月上旬至5月上旬、9月上旬至中旬效果好。

化学防治 成虫产卵期树干上喷洒25%辛硫磷胶囊剂200~300倍液、50%辛硫磷乳油400~500倍液，毒杀卵和初孵幼虫。幼虫危害期可用80%丙硫磷乳油或20%哒嗪硫磷30~50倍液注入虫孔，注至药液外流为止，施药后用湿泥封孔。

(60) 豹纹木蠹蛾（图2-60-1至图2-60-4）

属鳞翅目木蠹蛾科。

分布与寄主

分布 广东、广西、河南、安徽、江苏、浙江等地。

寄主 木麻黄、柚木、南岭黄檀、石榴、核桃、龙眼、荔枝、柑橘、枇杷、山楂、番石榴等多种林木、果树。

危害特点 幼虫钻蛀枝干，造成枯枝、断枝，严重影响生长。

形态诊断 成虫：雌虫体长27~35毫米，翅展50~60毫米。雄虫体长20~25毫米，翅展44~50毫米。全体被白色鳞片，在翅脉间、翅缘和少数翅脉上有许多比较规则的蓝黑色斑，后翅除外缘有蓝黑色斑外，其他部分斑颜色较浅。头部和前胸鳞片疏松，前胸有排成两行的6个蓝黑斑点。腹部每节均有8个大小不等的蓝黑色斑，成环状排列。雌虫触角丝状，雄虫触角基半部羽毛状，端部丝状。卵：椭圆形，淡黄色，少数为橘红色。幼虫：体长40~60毫米。老熟幼虫黄白色，每体节有黑色毛瘤，瘤上有毛1~2根；前胸背板上有黑斑，中央有一条纵走的黄色细线，后缘有一黑褐色突，上密布小刻点。尾板也较硬化，少数有一大黑斑。蛹：黄褐色。头部顶端有一大齿突。每腹节有两圈横行排列的齿突。

发生规律　1年发生1代，以老熟幼虫在树干内越冬。翌年春季枝条萌发后，再转移到新梢继续蛀食危害。化蛹盛期为4月上中旬。4月下旬至5月上旬羽化。成虫有趋光性，不太活跃，雄虫飞翔力较雌虫强。夜间交尾。产卵期可延续3~5天，每雌产卵300~800粒，卵期15~20天。1龄幼虫黑色，迁移能力较强，有转枝危害习性。幼虫无论在枝条或主干危害，蛀入后先在皮层与木质部间绕干蛀食木质部一周，因此极易从此处引起风折。幼虫再蛀入髓部，沿髓部向上蛀纵直隧道，虫道较长，隔不远处向外开一圆形排粪孔，并经常把粪便排出孔外，往往有多个排粪孔。5~6月，老熟幼虫在隧道内吐丝缀连碎屑，堵塞两端，并向外咬蛀羽化孔，构成蛹室，即行化蛹。化蛹部位多在羽化孔上方，头部向下。蛹期19~23天。成虫羽化后，蛹壳一半露出孔外，长久不掉。成虫产卵于嫩枝、芽腋或叶上，单粒散产或数粒一起。幼虫孵化后，先从嫩梢上部叶腋蛀入危害，被害嫩梢3~5天内即枯萎，这时幼虫钻出再向下移不远处重新蛀入，这样经过多次转移蛀食，当年新生枝梢可全部枯死。幼虫危害至秋末冬初，在被害枝基部隧道内越冬。

防治方法

农业防治　及时清除、烧毁风折枝。在园地和周围的一些此虫寄主林、果树风折枝中，常有大量幼虫和蛹存在，要及时清除烧毁。

化学防治　在成虫产卵和幼虫孵化期喷洒20%氟丙菊酯乳油2000倍液、90%晶体敌百虫1000倍液、50%杀螟硫磷乳油1500倍液，消灭卵和幼虫。

(61)　古毒蛾（图2-61-1至图2-61-4）

属鳞翅目毒蛾科。又名褐纹毒蛾、桦纹毒蛾、落叶松毒蛾、缨尾毛虫等。

分布与寄主

分布　山西、河北、山东、河南、内蒙古、辽宁、吉林、黑龙江、西藏、甘肃、宁夏等地及周边产区。

寄主　梨、山楂、核桃、苹果、枣、李、榛、杨、柳、月季、松等多种果树、林木和花卉。

危害特点　初孵幼虫群集叶片背面取食叶肉，残留上表皮；2龄后开始分散活动，从芽基部蛀食成孔洞，致芽枯死；嫩叶常被食光，仅留叶柄；叶片被取食成缺刻和孔洞，严重时只留粗脉；果实常被吃成不规则的凹斑和孔洞，幼果被害常脱落。

形态诊断　成虫：雌雄异型；雌体长10~22毫米，翅退化，体略呈椭圆形，灰色到黄色，有深灰色短毛和黄白色绒毛，头很小，复眼灰色。雄体长8~12毫米，体灰褐色，前翅黄褐色到红褐色。卵：近球形，初白色渐变为灰黄色。幼虫：体长33~40毫米，头部灰色到黑色，有细毛；体黑灰色，有黄色和黑色毛，前胸两侧各有1束黑色刷状长毛；腹部背面中央有黄灰到深褐色刷状短毛。

发生规律　1年发生2代。以卵在树干、枝杈或树皮缝内雌虫结的薄茧上越冬。4月上中旬寄主发芽时开始活动危害，5月中旬开始化蛹，蛹期15天左右，6月中旬羽化；6月下旬是第1代幼虫的危害盛期，第1代成虫于7月中旬羽化；第2代卵于7月上旬至下旬孵化，第2代幼虫的危害盛期出现在8月中旬，成虫于8月上旬至8月末9月初羽化，以卵在树枝杈或树皮缝雌成虫羽化后的茧上越冬。1~2龄幼虫可吐丝下垂，借风传播到其他树木上，传播距离可达数10米远。幼虫老熟后，寻找适宜场所吐丝做薄茧化蛹。化蛹地点一般在树的枝杈或老树皮缝处。成虫白天羽化，雄蛾羽化盛期在先，羽化期短；雌蛾羽化盛期在后，羽化期长。雌成虫不活泼，除交尾在茧壳上爬行外一般不爬行，卵产在其羽化后的薄茧上面，块状，单层排列。雄成虫有趋光性。寄生性天敌有22种之多，主要有姬蜂、小茧蜂、细蜂、寄生蝇等。

防治方法

农业防治　冬春季节里，结合果园管理，摘除虫茧并杀灭卵块。

物理防治　利用雄虫的趋光性，在雄成虫羽化盛期，设置诱虫灯，诱杀雄成虫，减少与雌成虫交尾的个体，从而减少虫的发生量。

生物防治　保护利用天敌防治。

化学防治　重点是在发生较整齐的第一代幼虫，一般在发芽展叶期，寄主植物芽长2~3厘米时，全树喷布一次10%除虫脲悬浮剂1500倍液、5%氟虫脲乳油1500倍液、10%高效氯氰菊酯乳油2000倍液、2.5%溴氰菊酯乳油2000倍液、30%氰·马乳油2000倍液、25%灭幼脲悬浮剂1000倍液、98%杀螟丹可溶性粉剂3000倍液、20%甲氰菊酯乳油3000倍液、2.5%三氟氯氰菊酯水乳剂2500倍液等，以上药剂间隔2周时间再续喷1次。花后如发现第二代幼虫可酌情喷第3次药。

62 褐刺蛾（图2-62-1至图2-62-6）

属鳞翅目刺蛾科。又名桑褐刺蛾、桑刺毛虫。

分布与寄主

分布　除东北、西北少数地区外，全国各产区都有分布。

寄主　梨、桃、柿、栗、山楂、葡萄、茶、桑、柑橘、白杨等。

危害特点　初孵幼虫取食叶肉，仅残留透明的表皮，随虫龄增大食叶仅残留叶脉。

形态诊断　成虫：体长1.5~1.8厘米，翅展3.1~3.9厘米，身体土褐色至灰褐色。前翅前缘近2/3处至近肩角和近臀角处，各具1暗褐色弧形横线，两线内侧衬影状带，外横线较垂直，外衬铜斑不清晰，仅在臀角呈梯形；雌蛾体上斑纹较雄蛾浅。卵：扁椭圆形，黄色，半透明。幼虫：成龄体长3.5厘米左右，黄色，背线天蓝色，各节在背线前后各具1对黑点，亚背线各节具1对突起，其中后胸及一、五、八、九腹节突起最大。茧：灰褐色，椭圆形。

发生规律　1年发生2~4代，以老熟幼虫在树干附近土中结茧越冬。3代区成虫分别在5月下旬、7月下旬、9月上旬出现，成虫夜间活动，有趋光性，卵多成块产在叶背，每雌产卵300多粒，幼虫孵化后在叶背群集并取食叶肉，半月后分散危害，取食叶片。老熟后入土结茧化蛹。

防治方法

农业防治　多种刺蛾如丽绿刺蛾、黄刺蛾等的幼龄幼虫多群集取食，被害叶显现白色或半透明的表皮，很容易发现。此时斑块附近常栖有大量幼虫，及时摘除带虫枝、叶，加以处理，效果明显。褐刺蛾、丽绿刺蛾等的老熟幼虫常沿树干下行至树基部或地面结茧，可采取树干绑草等方法诱其结茧及时予以清除。刺蛾越冬茧期长达7个月以上，此期果园作业较空闲，可根据不同刺蛾越冬场所之异同采用敲、挖、剪除等方法清除虫茧。

物理防治　利用刺蛾成虫具有较强趋光性特性，在成虫羽化期于19：00~21：00用灯光诱杀。

生物防治　利用刺蛾天敌防治，如刺蛾紫姬蜂、广肩小蜂、上海青蜂、爪哇刺蛾姬蜂、健壮刺蛾寄蝇等。

化学防治　在刺蛾低龄幼虫期防治效果好，有效药剂有90%晶体敌百虫1500倍液、50%马拉硫磷乳油2000倍液、2.5%溴氰菊酯乳油3000倍液、20%氰戊菊酯乳油3000倍液、50%杀螟硫磷乳油、40%辛硫磷乳油1500~2000倍液、25%甲萘威可湿性粉剂700倍液等叶面喷洒防治。

63　梨尺蠖（图2-63-1，图2-63-2）

属同翅目尺蠖科。又名梨步曲。

分布与寄主

分布　在河北、河南、山东、山西、安徽等产区有分布。

寄主　梨、苹果、山楂、海棠、杏及杨等。

危害特点　幼虫食害梨花、嫩叶成缺刻或孔洞，重时吃光花、叶。

形态诊断 成虫雌雄异形。雄成虫：有翅，全身灰色或灰褐色，体长12～14毫米，翅展32～35毫米；触角羽毛状；前翅灰褐色，有3条黑褐色斜横线；后翅灰褐色。雌成虫：无翅，体长11～14毫米，深灰色；触角丝状。卵：椭圆形，长1～1.3毫米，表面光滑，初期为乳白色，后期变为黄褐色。幼虫：体色因食物不同有绿色、褐色等。初孵幼虫绿色或灰褐色；老熟幼虫体长28～30毫米，头部黑色或黑褐色，胸、腹部深灰色，有比较规则的线状黑灰色条纹；胸足3对，褐色至红褐色；腹足2对，深褐色，分别着生在腹部第六和第十节上；幼虫爬行时呈“弓腰”状。蛹：体长12～15毫米，红褐色，头部圆钝。

发生规律 1年发生1代，以蛹在土中越冬。河北第二年早春2、3月越冬蛹羽化为成虫后沿幼虫入土穴道爬出土面，白天潜伏在杂草间或树冠中。雌蛾只能爬到树上，等待雄蛾飞来交尾，把卵产在树干阳面缝中或枝干交叉处，少数产于地面土块上。每雌产卵300余粒。卵期10～15天，幼虫孵化后分散危害幼芽、幼果及叶片，幼虫期36～43天，幼虫遇惊扰吐丝下垂。5月上旬幼虫老熟开始下树，多在树干四周入土9～12厘米，个别深达21厘米，先作土茧化蛹，以蛹越夏和越冬，蛹期9个多月。

防治方法

农业防治 ①冬春季耕翻果园，利用冻害或鸟食灭蛹。②成虫发生期，在梨冠树下铺塑料薄膜并用土压实，阻止成虫出土；或在树干基部堆50厘米高上尖下大的土堆，拍实打光，阻止雌蛾上树；或者在树干基部绑宽约10厘米的塑料薄膜，于薄膜上涂黄油或废机油，阻止雌成虫上树交尾。③幼虫发生期震树捕杀幼虫。

物理防治 黑光灯诱杀雄成虫。

化学防治 ①地面施药。成虫出土前在树干周围喷洒90%晶体敌百虫800～1000倍液或撒布40%辛硫磷颗粒剂，施药后轻锄地面混匀药土，毒杀出土成虫。②叶面喷药。掌握在幼虫3龄前防治效果好。可选用90%敌百虫晶体1000倍液、50%辛硫磷乳油1000倍液、20%氰戊菊酯乳油2000倍液、50%杀螟硫磷乳油1000倍液或其他菊酯类药剂喷雾。

64 梨大叶蜂（图2-64-1，图2-64-2）

属膜翅目锤角叶蜂科。

分布与寄主

分布 山西、陕西、河南、山东、河北、安徽等地。

寄主 梨、山楂、樱桃、木瓜等植物。

危害特点 幼虫食叶成圆弧形缺刻，严重时把叶片吃光；成虫咬伤嫩梢的上部吸食汁液，致梢头萎枯断落，影响幼树成型。

形态诊断　成虫：体长22~25毫米，翅展48~55毫米，红褐色；头黄色，单眼区和额两侧暗黑色，复眼椭圆形黑色；触角棒状，两端黄褐色，中间黑褐色；前胸背板黄色，中胸小盾片和后胸背板后缘黄褐色；前翅前半部暗褐色，不透明，后半部和后翅透明，淡黄褐色；腹部第1节至3节及第4节至6节的后缘黑褐色，其他部位黄色至黄褐色；背线黑褐色。卵椭圆形，略扁，长约3.5毫米，初淡绿色，孵化前变黄绿色。幼虫：体长约50毫米；体稍带灰白绿色；背线中央为淡褐色细线，从前胸至腹部第七腹节两侧有2纵列黑斑。蛹：体长25~30毫米，裸蛹。茧长30~35毫米，长椭圆形，褐色，质地坚硬，外附泥土。

发生规律　1年发生1代，以老熟幼虫在距地表约6厘米处的土中做茧越冬。4月下旬至5月中旬成虫羽化。5月上中旬幼虫出现，6月上中旬幼虫陆续老熟，落地入土做茧越夏、越冬。成虫喜食寄主嫩梢，将嫩梢顶端5~10厘米处咬伤，致使梢头萎蔫垂落，幼树受害较重。卵产于叶片表皮下。幼虫取食叶片呈缺刻状，静止时常栖息于叶背面，身体弯曲侧卧，姿态特殊，受惊时，体表能喷射出浅黄色液体。

防治方法

农业防治　冬春翻树盘挖茧。结合管理捕杀幼虫。成虫危害期在幼树上进行网捕成虫。

化学防治　此虫多零星发生，幼虫危害期结合防治其他害虫治此虫。

(65) 梨卷叶象甲（图2-65-1至图2-65-3）

属鞘翅目象甲科。又名杨卷叶象鼻虫、杨狗子。

分布与寄主

分布　北起黑龙江、内蒙古，南限达浙江、江西等广大产区。近几年其已成为果树及部分林木灾害性害虫，有些用杨树作防风林的果园，果树受害尤为严重，有的果树80%以上的叶片被害，严重削弱树势，影响产量和质量。

寄主　梨、山楂、苹果、杨等。

危害特点　成虫将被害叶片的背面叶肉啃食成宽约1.5毫米、长数毫米不等的条状虫口。开始产卵前，将被害叶柄或嫩梢基部输导组织咬伤，使一片或几片叶卷成一卷，边卷边将卵产在卷叶内。吊在树上，叶卷逐渐干枯落地。

形态诊断　成虫：体长约8毫米，头向前延伸呈象鼻状，虫体色泽有蓝紫色、蓝绿色、豆绿色，有红色金属光泽，触角黑色，鞘翅长方形，侧后方微凹入。整个鞘翅表面具不规则的深刻点列；雄成虫头管较粗而弯，胸前两侧各有一个尖锐的伸向前方的刺突。卵：长约1毫米，椭圆形，乳白色，半透明。幼虫：长7~8毫米，头棕褐色，全身乳白色，微弯曲。蛹：裸蛹，略呈椭圆形，体长7毫米左右，初乳白色，以后体色渐深。

发生规律　1年发生1代，以成虫在地面杂草中，或地下表土层内作土室越冬。越冬成虫在4月下旬出土，5月上中旬为成虫出土盛期。成虫出土后啃食叶片，4~6天后开始交尾、卷叶、产卵。每一叶卷一般产卵4~8粒，叶片接合处用黏液黏住。卵期6~11天，幼虫在卷叶中食害，卷叶干枯后落地。幼虫6月末开始入土，在地表5厘米深处做一圆形土窝，8月上旬在土窝中化蛹，蛹期7~8天。8月中旬为羽化盛期，8月下旬成虫开始出土上树啃食叶片，补营养，食痕呈条状。9月下旬，成虫陆续入土或在杂草中越冬。

防治方法

农业防治　①新建园不要用杨树作防风林。老果园附近有杨树要与果树同时防治，否则达不到彻底防治梨卷叶象甲的目的，②摘除树上卷叶或捡拾落地卷叶，集中烧毁，消灭卷叶中的卵和幼虫。③利用成虫假死习性，可于清晨震落捕杀成虫。

化学防治　5月上中旬成虫出蛰后至产卵前喷洒40%毒死蜱乳油1200~1500倍液、20%氰戊菊酯乳油2000~3000液、5%氟啶脲乳油1500~2000倍液等毒杀成虫。除梨树外，对附近杨树也要注意用药防治，以免转移危害。在大发生年份，5月下旬再喷洒一次杀虫剂。

66 梨叶蜂（图2-66-1，图2-66-2）

属膜翅目叶蜂科。又名桃黏叶蜂。

分布与寄主

分布　河南、山东、山西、陕西、江苏、四川等地及周边产区。

寄主　梨、桃、李、杏、樱桃、山楂、柿等果树。

危害特点　以幼虫危害叶片，幼虫取食时多以胸、腹足抱持叶片，尾端常翘起。低龄幼虫食害叶肉，仅残留表皮，幼虫稍大后取食叶片呈不规则缺刻与孔洞，严重发生时将叶片吃得残缺不全，甚至仅残留叶脉，从而影响树体生长及树势。

形态诊断　成虫：体粗短，长10~13毫米，宽5毫米，黑色，有光泽；头部较大，触角丝状9节，上生细毛；复眼暗红色至黑色，单眼3个，在头顶呈三角形排列；前胸背板后缘向前凹入较深；雄虫胸部全黑色，雌虫胸部两侧和肩板黄褐色；翅宽大、透明，微带暗色，翅脉和翅痣黑色；足淡黄褐色，跗节5节，前足胫节具端距2个。雄虫腹部筒形，雌虫略呈竖扁，产卵器锯状。卵：绿色，略呈肾形，长1毫米左右，两端尖细。幼虫：体长10毫米，黄褐至绿色。头近半球形，每侧单眼1个，其上部有褐色圆斑；体光滑，胸部膨大，胸足发达，腹足6对，着生在第二至六腹节和第十腹节上；臀足较退化；初孵幼虫头部褐色，体淡黄绿色。单眼周围和口器黑色。

发生规律 1年发生代数不详。以末龄幼虫在土茧中越冬。河南、南京一带成虫于6月羽化出土，飞到树上交尾产卵，未经交尾的雌虫亦能产卵，且能孵化为幼虫。卵期10天左右，幼虫孵化后取食叶片。陕西8月上旬进入幼虫危害盛期。幼虫于9月上中旬老熟后下树入土结茧，在土层3厘米处越冬。

防治方法

农业防治 冬春季耕翻果园，使越冬茧暴露出地面或埋入深处，可杀灭越冬幼虫。

化学防治 6月成虫羽化出土时，地面用25%辛硫磷微胶囊剂300倍液或40%哒嗪硫磷乳油450倍液喷洒树盘地表，防治出土成虫。幼虫危害期，叶面喷洒90%晶体敌百虫或50%辛硫磷乳油1200～1300倍液防治、2%氟丙菊酯乳油1500～2000倍液、20%氟啶脲可湿性粉剂2000倍液等。

67 美国白蛾（图2-67-1至图2-67-10）

属鳞翅目灯蛾科。国内外重要的检疫对象。

分布与寄主

分布 全国许多产区有发生。

寄主 柿、桃、枣、杏、苹果、山楂、李、石榴、梨等200多种植物。

危害特点 以幼虫群集结网，并在网内食害叶肉，残留表皮。网幕随幼虫龄期增长而扩大，长的可达1.5米以上。幼虫5龄后出网分散危害，严重时整株叶片被吃光。

形态诊断 成虫：体长12～17毫米，白色；雄虫触角双栉齿状，黑色；越冬代成虫前翅上有较多的黑色斑点，第一代成虫翅面上的斑点较少；雌虫触角锯齿状，前翅翅面很少有斑点。卵：近球形，直径0.57毫米，灰褐色。幼虫：体长28～35毫米；头黑色具光泽，体色黄绿色至灰黑色，变化较大，背部两侧线之间有1条灰褐色宽纵带；背部毛瘤黑色，体侧毛瘤橙黄色，毛瘤上生有灰白色长毛。蛹：长8～15毫米，暗红色。

发生规律 1年发生2代，以蛹于茧内在枯枝落叶中、墙缝、表土层、树洞等处越冬。翌年5月上旬出现成虫。第一代幼虫发生期6月上旬至7月下旬，第二代幼虫发生期8月中旬至9月中旬。成虫常300～500粒成块产卵于叶片背面，单层排列，卵期约7天，幼虫孵化后短时间即吐丝结网，群集网内危害，4龄后分散危害，幼虫期35～42天；幼虫老熟后下树寻找适宜场所结薄茧化蛹越冬。

防治方法

农业防治 ①加强检疫工作，防止白蛾由疫区传入，做到早投入、早准备、早报告、早除治。②在美国白蛾网幕期，人工剪除网幕，并就地销毁，是一项无公害、效果好的防治方法。③美国白蛾化蛹时，采取人工挖蛹的措施，可以取得较好防治效果。④根据老熟幼虫下树化蛹的特性，于老熟幼虫下树前，在树干处，用谷草、稻草等织成草帘围成下紧上松的草把，诱集老熟幼虫集中化蛹，虫口密度大时每隔1周换1次，解下草把连同老熟幼虫集中销毁。

物理防治　在各代成虫期，利用美国白蛾成虫趋光性，悬挂杀虫灯诱杀成虫。

生物防治　①利用美国白蛾的天敌周氏啮小蜂防治，最佳时期是白蛾老熟幼虫至化蛹期，选择晴朗天气的10：00~16：00放蜂，间隔7~10天再放第二次，防治效果最好。②用性信息激素防治。当虫株率低于5%时，在美国白蛾成虫期，按50米距离和2.5~3.5米高度，设置性信息素诱捕器，诱杀美国白蛾雄蛾。

化学防治　防治的关键时期是第一代幼虫发生期和其他各代幼虫发生初期。可喷洒50%杀螟硫磷乳油1000倍液或90%晶体敌百虫1000~1500倍液、20%氰戊菊酯乳油3000倍液、20%辛·阿维乳油1000倍液、20%除虫脲悬浮剂4000~5000倍液、25%灭幼脲悬浮剂1500~2500倍液等。

68 桑褶翅尺蠖（图2-68-1，图2-68-2）

属鳞翅目尺蛾科。又名桑褶翅尺蛾。

分布与寄主

分布　山西、陕西、河北、河南、辽宁、宁夏及周边产区。

寄主　核桃、桑、枣、山楂、苹果、梨等果树和林木。

危害特点　幼虫食芽、叶成缺刻和孔洞，重者仅留主脉。食幼果呈坑洼状。

形态诊断　成虫：雌体长14~16毫米，翅展46~48毫米，体灰褐色；触角丝状；腹部除末节外，各节两侧均有黑白相间的圆斑。头胸部多毛，前翅有红、白色斑纹，内、外线粗黑色；后翅前缘内曲，中部有一条黑色横纹，腹末有2个毛簇。雄体较小，色暗，触角羽状，前翅略窄，其余与雌相似。成虫静止时4翅褶叠竖起，因此得名。卵：扁椭圆形，长1毫米，褐色。幼虫：体长约40毫米，头黄褐色，前胸盾绿色，前缘淡黄白色；体绿色，腹部第一和第八节背部有一对肉质突起，第二至第四节各有一大而长的肉质突起，突起端部黑褐色，沿突起向两侧各有一条黄色横线，第二至第五节背面各有2条呈"八"字形的黄短斜线，第一至第五节两侧下缘各有一肉质突起，似足状。臀板两侧白色，端部红褐色。腹线为红褐色纵带。蛹：长13~17毫米，短粗，红褐色。茧：半椭圆形，丝质附有泥土。

发生规律　1年发生1代，以蛹在土中或树根颈部越冬，翌年3月中旬开始羽化。成虫昼伏夜出，具假死性，受惊后即坠落地上。卵多产在光滑枝条上，堆生排列松散，每雌产卵600~1000粒。卵期20天左右，4月初孵化。幼虫静止时头部向腹面卷缩至第五腹节下，以腹足和臀足抱持枝上。幼虫有吐丝下垂习性，并通过吐丝下垂转移危害。老熟幼虫于树干周围3~9厘米土中，或根颈部贴树皮吐丝结茧化蛹越夏和越冬。

防治方法

农业防治　冬春季结合果园管理，翻耕树盘，用硬刷子刷根颈部虫茧，消灭越冬茧蛹。卵期常检查，及时刮除卵块。幼虫期人工捕捉，可以喂养家禽。

化学防治　越冬成虫羽化盛期及卵孵化前后是施药的关键时期，可喷洒80%敌敌畏乳油或48%毒死蜱乳油、25%喹硫磷乳油、50%杀螟硫磷乳油、50%马拉硫磷乳油1000~1500倍液、2.5%三氟氯氰菊酯乳油或2.5%溴氰菊酯乳油、20%氰戊菊酯乳油3000~3500倍液、10%联苯菊酯乳油4000倍液、52.25%蜱·氯乳油1500倍液等。

69　硕蝽（图2-69-1至图2-69-7）

属半翅目蝽科。

分布与寄主

分布　山东、河南、安徽、河北、内蒙古、陕西、浙江、福建、广东、贵州、江西、广西、四川、湖南、湖北、台湾等地。

寄主　板栗、山楂、猕猴桃、桑、茶、油桐等多种果树和林木。

危害特点　以若虫和成虫刺吸嫩芽、幼叶，造成顶梢枯死，严重影响果树的开花结果。

形态诊断　成虫：体长25~34毫米，体宽11.5~17毫米，椭圆形，酱褐色，具金属光泽，头和前胸背板前半、小盾片两侧近绿色，小盾片上有较强的皱纹，腹下近绿色或紫铜色；触角基部3节黑；足同体色；第一腹节背面近前缘处有1对发音器，梨形，由硬骨片与相连接的膜组成，通过鼓膜振动能发出"叽叽"的声音，用来驱敌和寻偶。

发生规律　各地1年均发生1代。以4龄若虫在寄主植物附近的杂草丛中蛰伏越冬，翌年5月间活动。若虫期脱皮4次共5龄。成虫飞行力强，喜在树体上部活动，有假死性。

防治方法

农业防治　冬春季清除园地枯叶杂草，集中烧毁或深埋。成虫、若虫危害期，掌握在成虫产卵前，于清晨震落捕杀。

化学防治　成虫产卵期和若虫期喷洒25%溴氰菊酯乳油2000倍液或10%氯菊酯乳油1000~1500倍液、40%辛硫磷乳油600~1000倍液、10%乙氰菊酯乳油800~1000倍液等。

70 小线角木蠹蛾（图2-70-1至图2-70-3）

属鳞翅目木蠹蛾科。又名小褐木蠹蛾。

分布与寄主

分布　辽宁、吉林、黑龙江、内蒙古、北京、天津、河北、河南、陕西、宁夏、山东、江苏、安徽、江西、福建、湖南等产区。

寄主　山楂、苹果、樱桃、香椿等数十种果树、花卉和林木。

危害特点　幼虫蛀食寄主枝干木质部，几十至几百头群集在蛀道内危害，造成千疮百孔，蛀道相通，蛀孔外面有用丝连接球形虫粪。轻者造成风折枝干，重者使寄主植物逐渐死亡。与天牛危害状的1蛀道1虫有明显不同。

形态诊断　成虫：体长22毫米左右，翅展50毫米左右。体灰褐色，翅面上密布许多黑色短线纹。卵：圆形，卵壳表有网纹。幼虫：体长35毫米左右，体背鲜红色，腹部节间乳黄色，前胸背板有斜"B"形深色斑。蛹：被蛹型，褐色，体稍向腹面弯曲。

发生规律　2年发生1代，跨3个年度。以幼虫在枝干蛀道内越冬。翌年3月幼虫开始活动。幼虫化蛹时间很不整齐，5月下旬至8月上旬为化蛹期，蛹期20天左右。6~8月为成虫发生期，成虫羽化时，蛹壳半露在羽化孔外。成虫有趋光性，日伏夜出。将卵产在树皮裂缝或各种伤疤处，卵呈块状，粒数不等，卵期约15天。幼虫喜群栖危害，每年3~11月幼虫危害期。

防治方法

农业防治　调运苗木要严格检疫，防止带虫苗木带虫传播。

物理防治　成虫发生期利用成虫的趋光性采用杀虫灯或黑光灯诱杀成虫。

生物防治　保护利用天敌姬蜂、寄生蝇、啄木鸟等防止害虫。用芫菁夜蛾线虫水悬浮液注射于蛀孔内，剂量每毫升清水中含1000~2000条线虫。直至枝干下部连通的排粪孔流出线虫水悬浮液为止，2~5天后树干内的幼虫爬出树外，防效优异，注射时间北方果区4月上旬至5月上旬、9月上中旬效果好。

化学防治　①成虫产卵期树干上喷洒25%辛硫磷胶囊剂200~300倍液或50%辛硫磷乳油400~500倍液、20%中西除虫菊酯乳油1000~1500倍液、3%氟啶脲乳油1500~2000倍液等，毒杀卵和初孵幼虫。②幼虫危害初期清除皮下群集幼虫，并用50%辛硫磷乳油与柴油1：9比例混合液涂抹被害处，毒杀初侵入幼虫。③幼虫危害期可用80%敌敌畏乳油或20%哒嗪硫磷乳油、10%联苯菊酯乳油等30~50倍液10~20毫升注入虫孔，施药后用湿泥封孔或制成毒扦插虫蛀孔防治。

71 山楂超小卷蛾（图2-71-1，图2-71-2）

属鳞翅目卷叶蛾科。

分布与寄主

分布　吉林、辽宁、山东、河南、江苏等产区。

寄主　山楂。

危害特点　幼虫蛀花、蛀果并以丝缀连，终致萎蔫脱落。

形态诊断　成虫：体长4~5毫米，翅展9~11毫米；体翅灰褐色；前翅前缘具10~12组灰白色和黑褐色相间的短斜纹，后缘中部具一灰白色三角形斑，两翅合拢时出现一个菱形斑。幼虫：末龄幼虫体长8~10毫米，头部褐色，体浅黄色；前胸盾后缘及臀板褐色。

发生规律　1年发生1代，以老熟幼虫在干、枝翘皮下或裂缝中结白色茧越夏或越冬。翌年春日均温3~5℃时开始化蛹，山楂花序分离期成虫羽化，卵单粒散产于叶背近叶缘处。天敌有赤眼蜂、甲腹茧蜂、狼蛛、白僵菌等。

防治方法

农业防治　冬春季彻底刮除树体粗皮、翘皮、剪锯口周围死皮，消灭越冬幼虫；幼虫发生期及时摘除卷叶，杀灭其内幼虫。

物理防治　成虫发生期，树冠内挂糖醋液诱盆诱杀成虫，配液按糖：酒：醋：水之1：1：4：16配制。

化学防治　①越冬幼虫出蛰前用50%二嗪磷乳油300倍液、50%杀螟丹可湿性粉剂500倍液、18%杀虫双水剂400倍液等封闭剪锯口、枝杈及其他越冬场所。②掌握越冬幼虫出蛰盛期及卵孵化盛期后的关键时期施药，树体喷洒80%敌敌畏乳油或48%毒死蜱乳油、25%喹硫磷乳油、50%杀螟硫磷乳油、50%马拉硫磷乳油1000倍液、2.5%三氟氯氰菊酯乳油或2.5%溴氰菊酯乳油、20%氰戊菊酯乳油3000~3500倍液、10%联苯菊酯乳油4000倍液或52.25%蜱·氯乳油1500倍液等。

72 山楂花象甲（图2-72-1至图2-72-3）

属鞘翅目象甲科。又名花苞虫。

分布与寄主

分布　吉林、辽宁、山西等产区。

寄主　山楂。

危害特点　成虫危害嫩芽、嫩叶、花蕾、花及幼果，幼虫主要危害花蕾。危害叶背时啃食叶肉，残留上表皮，致叶面形成分散的"小天窗"。危害花蕾时，至蕾脱落或花不能开放。危害幼果果面，食掉果皮，使果面呈“麻脸”，或至幼果脱落。

形态诊断 成虫：雌成虫浅赤褐色，雄暗赤褐色；体长3.3~4.0毫米，体背1/3处最宽；体表具灰白色至浅棕色鳞毛；头小，前端略窄；喙的长度等于前胸和头部之和；触角11节膝状，着生在喙端1/3处；头顶区灰白色鳞毛密集成一个“Y”形纹；前胸背板宽大于长，两侧近端部1/3处向前收缩变窄，中线附近鳞毛形成一纵向白纹，与头部“Y”形纹相连；中胸小盾片小而明显；鞘翅上具两条横纹。卵：小蘑菇形，长0.76~0.95毫米，初产白色渐变为浅黄色。幼虫：末龄幼虫体长5.6~7.0毫米，乳白色至浅黄色。蛹：长3.5~4.0毫米，浅黄色。

发生规律 1年发生1代，以成虫在树干翘皮下越冬，翌年山楂花序露头时出蛰，新梢长至5~7厘米时，进入出蛰盛期，4月下旬成虫产卵，卵期9~13天，5月上旬初孵幼虫在花蕾内取食，10天后幼虫转移至花托基部危害，把花梗、花托咬断，造成落花落蕾。幼虫期17~22天，5月下旬至6月初化蛹于落地花蕾内。蛹期7~11天，6月上中旬成虫羽化，成虫羽化后取食幼果10天左右，至6月底完全入蛰。

防治方法

农业防治 冬春季用硬刷子彻底刮刷树皮缝隙，并用涂白剂涂干，消灭越冬成虫；生长季节在受害花蕾落地后，及时搜集深埋或烧毁，以减少成虫对当年果实的危害。

化学防治 把成虫消灭在产卵之前，关键时间掌握在花蕾分离期（花序伸出期）前2~3天，喷洒40%辛硫磷乳油或50%丙硫磷乳油、50%马拉硫磷乳油、48%毒死蜱乳油1000~1200倍液、20%氰戊菊酯乳油2000倍液或2.5%溴氰菊酯乳油2500~3000倍液、10%氯氰菊酯乳油2000~2500倍液、5%氟啶脲乳油1500~2000倍液等。

73 山楂蠹虫（图2-73-1）

属鞘翅目长小蠹科。又名山楂长小蠹。

分布与寄主

分布 山西及周边产区。

寄主 山楂、苹果、柿等果树和林木。

危害特点 成虫、幼虫蛀食成龄树主干和大枝的木质部，致隧道纵横交错，严重时深达根部，影响树势。重致树枝枯死。

形态诊断 成虫：雌体长5.5~6毫米，宽1.8毫米，雄略小，长筒形，棕褐色，鞘翅后端黑褐色；头宽短；触角锤状6节；前胸长方形，与头等宽；鞘翅近矩形，具8条纵刻点列，形成脊沟；腹部短小5节；前足、中足相距较近；后胸长为腹部长的2~2.5倍，致后足似生于体末端。卵：椭圆形，0.6毫米×0.4毫米，乳白色。幼虫：体长5~6毫米，节间缢缩略弯曲，无足，头淡黄色，口器深褐色；胴部12节乳白色，前胸粗大向后渐细，前胸腹板较骨化，淡黄密生短毛；腹部末端腹面中央具淡黄褐色小瘤突1个。蛹：长筒形，长5~6毫米，乳白至褐色。

发生规律 1年发生2代，以各虫态越冬，但以成虫、幼虫为主。3月中旬开始活动，发生期不整齐，成虫出树有3个高峰期：4月底至5月初；7月中旬至8月上旬，此期发生数量最多，持续时间最长，是分散传播及侵害新树的时期；9月底至10月上旬。11月中旬当气温降至0℃时越冬。非越冬各虫态历期：成虫期50~60天，幼虫期23~28天，蛹期15~20天，卵期22~27天。成虫有假死性，多从树体主干死皮层凹沟处蛀入，蛀孔直径约1.5毫米，蛀道水平和垂直交互向下蛀，可至根部。在蛀道末端蛀有稍膨大的卵室，初孵幼虫近三角形，经14~16天蜕皮后成为正常体形的幼虫，再经9~12天老熟，各自蛀蛹室化蛹。

防治方法

农业防治 加强果园综合管理，增施有机肥，科学修剪减少伤口，合理灌排水，及时防治病虫害，增强树势，提高抗病虫能力。

化学防治 成虫出树期是防治的关键时期。可喷洒2.5%溴氰菊酯乳油或5%三氟氯氰菊酯乳油、20%甲氰菊酯乳油、20%氰戊菊酯乳油、10%联苯菊酯乳油、10%氯氰菊酯乳油1500~3000倍液、40%辛硫磷乳油或48%毒死蜱乳油、45%马拉硫磷乳油1000~1200倍液等，单用、混用或其复配剂均可。注意喷洒树干至淋洗状态，兼对吉丁虫、天牛等枝干害虫有防治作用。

74 薄翅锯天牛（图2-74-1，图2-74-2）

属鞘翅目天牛科。又名中华薄翅天牛、薄翅天牛、大棕天牛。

分布与寄主

分布 除西北、东北少数地区外，全国其他产区均有分布。

寄主 板栗、苹果、山楂、枣、柿、核桃等果树。

危害特点 幼虫于枝干皮层和木质部内蛀食，隧道走向不规律，内充满粪屑，削弱树势，重者致树枯死。

形态诊断 成虫：体长30~52毫米，宽8.5~14.5毫米，略扁，红褐至暗褐色；头密布颗料状小点和灰黄细短毛，触角丝状；前胸背板密布刻点、颗粒和灰黄短毛；鞘翅扁平，基部宽于前胸，向后渐狭，鞘翅上各具3条纵隆线；后胸腹板被密毛；雌腹末常伸出很长的伪产卵管。卵：长椭圆形，长约4毫米，乳白色。幼虫：体长约70毫米，乳白至淡黄白色；头黄褐大部缩入前胸内；胴部13节，第一节最宽，背板淡黄，中央生一条淡黄纵线；第二至十节背面和四至十节腹面有小颗粒状突起，具3对极小的胸足。蛹：长35～55毫米，初乳白渐变黄褐色。

发生规律　2～3年1代，以幼虫于隧道内越冬。寄主萌动时开始危害，落叶时休眠越冬。6～8月间成虫出现。成虫喜于衰弱、枯老树上产卵，卵多产于树皮外伤、缝隙和被病虫侵害之处。幼虫孵化后蛀入皮层，斜向蛀入木质部后再向上或下蛀食，隧道较宽不规则，隧道内充满粪便与木屑。幼虫老熟时多蛀到接近树皮处，蛀椭圆形蛹室于内化蛹。羽化后成虫向外咬圆形羽化孔爬出。

防治方法

农业防治　加强综合管理，增强树势，及时去掉衰弱枝、枯死枝集中处理，减少树体伤口。注意伤口涂药消毒保护，以减少成虫产卵。产卵后期刮粗翘皮，消灭卵和初孵幼虫，刮皮后应涂消毒保护剂。用细铁丝插入新鲜的排粪孔，刺杀蛀道内幼虫。

化学防治　①成虫产卵前，在干枝上喷洒40%辛硫磷乳油或20%辛·氰乳油、10%吡虫啉乳油、5%氟虫脲乳油80～100倍液等。②用注射器向新鲜排粪孔注射上述药液，每孔最多注10毫升，注后用湿泥封孔。

⑦⑤ 海棠透翅蛾（图2-75-1至图2-75-3）

鳞翅目透翅蛾科。

分布与寄主

分布　吉林、辽宁、河北、陕西、山西等地。

寄主　海棠、樱桃、桃、苹果、山楂、李、梨、梅等。

危害特点　幼虫多于枝干分杈处和伤口附近皮层下食害韧皮部，蛀成不规则的隧道，有的可达木质部，被害初有黏液流出呈水珠状，后变黄褐并混有虫粪，轻者削弱树势，重者致枝条或全株死亡。

形态诊断　成虫：体长10～14毫米，翅展19～26毫米，全体蓝黑色有光泽；头顶被厚鳞，头基部具黄色鳞毛；触角丝状，雄触角上密生栉毛；胸部两侧有黄鳞斑；翅透明，翅缘和脉黑色；第二、四腹节背面后缘各具一黄带，有时第一、三、五腹节也有很细的黄带但多不明显；雌尾部有两簇黄白色毛丛，雄尾部有扇状黄毛。卵：扁椭圆形，长0.5毫米，表面生六角形白色刻纹，初乳白渐变黄褐色。幼虫：体长22～25毫米，头褐色，胴部乳白至淡黄色，背面微红，各节背侧疏生细毛，头及尾部较长。蛹：长约15毫米，黄褐色，腹末环生8个臀棘。

发生规律　1年发生1代，多以中龄幼虫于隧道里结茧越冬。萌芽时活动危害，排出红褐色成团的粪便。一般位于主侧枝上的幼虫发育快而肥大，而位于主干上的幼虫发育慢而瘦小。老熟时先咬圆形羽化孔、不破表皮，然后于孔下做长椭圆形茧化蛹。河北4月末至7月下旬化蛹，有2个高峰：6月上旬和7月上旬，蛹期10~15天。羽化期为5月中旬至8月上旬，亦有2个高峰：6月中旬和7月中旬。羽化时蛹壳带出孔外1/3~1/2。成虫白天活动取食花蜜；喜于生长衰弱的枝干粗皮缝、伤疤边缘、分权等粗糙处产卵，散产，每雌可产卵20余粒。卵期10余天。6月上旬开始孵化、蛀入，于皮层内危害，11月结茧越冬。

防治方法

农业防治　加强管理增强树势，避免产生伤疤可减少受害。冬春季结合刮老翘皮、刮腐烂病，挖杀幼虫，之后涂消毒保护剂。

化学防治　①树干涂药液。4月和8~9月于幼虫危害处涂柴油原油或煤油1~1.5千克加敌敌畏50克混合液，效果良好。秋季虫小、入皮浅，防治效果更好。②成虫盛发期，枝干上喷洒90%晶体敌百虫或40%辛硫磷乳油1000倍液、50%马拉硫磷乳油1200倍液或20%甲氰菊酯乳油2500~3000倍液、10%联苯菊酯乳油2000~2500倍液等，防治成虫和初孵幼虫效果均很好。

76 角斑古毒蛾（图2-76-1至图2-76-5）

属鳞翅目毒蛾科。又名核桃古毒蛾、赤纹夜蛾、杨白纹夜蛾、梨叶毒蛾、囊尾毒蛾。

分布与寄主

分布　黄淮、华北、西北产区。

寄主　柿、核桃、苹果、梨、桃、樱桃、山楂、杏等果树。

危害特点　以幼虫、成虫食芽、叶和果实。初孵幼虫群集叶背取食叶肉，残留上表皮，稍大后分散取食。危害芽多从芽基部蛀食成孔洞，致芽枯死；食害嫩叶，仅残留叶柄；成虫食叶成缺刻和孔洞，重时仅留粗脉；食害果实表面成不规则的凹斑和孔洞，幼果被害多脱落。

形态诊断　成虫：雌雄异型，雌体长10~22毫米，翅退化仅残留痕迹，体略呈椭圆形，灰至灰黄色，密被深灰色短毛和黄、白色绒毛；头很小，触角丝状；足灰色有白毛。雄体长8~12毫米，翅展25~36毫米，体灰褐色，触角短羽毛状；前翅黄褐至红褐色，翅基前半部有白鳞，后半部赭褐色，具波浪形白色细线，近前缘有1赭黄色斑，后缘有1新月形白斑，缘毛暗褐色；后翅栗褐色，缘毛黄灰色。卵：近球形，直径0.8~0.9毫米，初白色渐变灰黄色。幼虫：体长33~40毫米，头部灰至黑色，上生细毛；体黑灰色，被黄色和黑色毛，亚背线上生有白色短毛；前胸两侧各有1束向前伸的由黑色羽状毛组成的长毛；第一至四腹节背面中央各有1簇黄灰至深褐色刷状短毛；第八腹节背面有1束向后斜伸的黑长毛。蛹：长8~20毫米，雌灰色，雄黑褐色。茧：纺锤形，丝质较薄。

发生规律　东北1年发生1代，黄淮地区2代。均以幼虫于树皮缝中及干基部附近的落叶等覆盖物下越冬。1代区，越冬幼虫5月间出蛰危害，6月底老熟吐丝缀叶或于枝杈及皮缝等处结茧化蛹。蛹期6~8天。7月上旬羽化，雄蛾白天飞到于茧上栖息的雌蛾上交配。卵多块产于茧的表面，上覆雌蛾鳞毛。卵期14~20天，孵化后分散危害至越冬。2代区，4月上中旬寄主发芽时出蛰危害，5月中旬化蛹，蛹期15天左右，越冬代成虫6~7月羽化产卵，卵期10~13天。第一代幼虫6月下旬发生，第一代成虫8月中旬至9月中旬发生。第二代幼虫8月下旬发生，危害至9月中旬前后潜入越冬场所越冬，天敌有赤眼蜂、姬蜂、小茧蜂、细蜂、寄生蝇等20多种。

防治方法

农业防治　9月前树干上束草诱幼虫栖息，入冬后解草烧掉。冬春季彻底清除园内枯枝落叶，用硬刷子刮刷老树皮、堵塞树洞等，消灭越冬幼虫。

生物防治　在成虫产卵期，每间隔7天左右，释放松毛虫赤眼蜂1次，连续3次，每株树每次释放3000~5000头，防治效果好。

化学防治　于卵孵化盛期和低龄幼虫期，喷洒90%晶体敌百虫800~1000倍液或50%杀螟硫磷乳油1000倍液、50%辛硫磷乳油1200倍液、50%马拉硫磷乳油1500倍液、5%氯氰菊酯乳油3000倍液、10%溴氰菊酯乳油3500~4000倍液、25%灭幼脲胶悬剂1200倍液等。

⑦⑦ 梨眼天牛（图2-77-1，图2-77-2）

属鞘翅目天牛科。又名梨绿天牛、琉璃天牛。

分布与寄主

分布　东北、山西、陕西、河南、山东、江苏、江西、浙江、安徽、福建、台湾等地及周边地区。

寄主　梨、苹果、梅、杏、桃、李、海棠、石榴、山楂等多种林木、果树。

危害特点　成虫取食叶片、芽和嫩枝的皮；幼虫于枝干的木质部、深达髓部，多向上少数向下蛀食，生活期间蛀道内无粪屑，削弱树势，重者致干或枝枯死。

形态诊断　成虫：体长8~10毫米，宽3~4毫米，体小略呈圆筒形，橙黄或橙红色；鞘翅呈金属蓝色或紫色，后胸两侧各有紫色大斑点；全体密被长细毛或短毛，头部密布粗细不等的刻点；复眼上下完全分开成2对；触角丝状11节，基节数节淡棕黄色，每节末端棕黑色；雄虫触角与体等长，雌虫略短，腹面被缨毛，雌虫较长而密，端区具片状小颗粒；前胸背板宽大于长，前、后各具1条横沟，两沟之间有一隆凸，似瘤突，两侧各具一小瘤突，中部瘤突具粗刻点，鞘翅末端圆形，翅上密布粗细刻点；雌虫腹部末节较长，中央具1条纵沟。卵：长约2毫米，宽约1毫米，长椭圆略弯曲，初乳白后变黄白色。幼虫：老熟体长18~21毫米，体呈长筒形，背部略扁平，前端大，向后渐细，无足，淡黄至黄色；头大部缩在前胸内，外露部分黄褐色；上额大，黑褐色，前胸大，前胸背板方形，前胸盾骨化，呈梯形。蛹：体长8~11毫米，稍扁略呈纺锤形；初乳白，后渐变黄色，羽化前体色似成虫；触角由两侧伸至第二腹节后弯向腹面；体背中央有一细纵沟；足短，后足腿、胫节几乎全被鞘翅覆盖。

发生规律　2年完成1代，以幼虫于被害枝隧道内越冬。第1年以低龄幼虫越冬，次春树液流动后，越冬幼虫开始活动继续危害，至10月末，幼虫停止取食，于近蛀道端越冬。第3年春季以老熟幼虫越冬者不再危害，开始化蛹，部分未老熟者则继续取食危害一段时间后陆续化蛹。化蛹期为4月中旬至5月下旬，4月下旬至5月上旬为化蛹盛期，蛹期15~20天。5月上旬成虫开始羽化出孔，5月中旬至6月上旬为羽化盛期，6月中旬为末期。成虫羽化后，先于隧道内停息3天左右，然后从隧道顶端一侧咬一圆形羽化孔出孔。成虫出孔后先栖息于枝上，然后活动并开始取食叶片和嫩枝的皮以补充营养。

成虫喜白天活动，飞行力弱，风雨天一般不活动。交尾多在9：00左右和17：00左右，交配后3天左右开始产卵，成虫产卵多选择直径为15~25毫米粗的枝条，或以2~3年生枝条为主，产卵部位多于枝条背光的光滑处，产卵前先将树皮咬成"三三"形伤痕，然后产1粒卵于伤痕下部的本质部与韧皮部之间，外表留小圆孔，极易识别。同一枝上可产卵数粒，单雌产卵量20粒左右，成虫寿命10~30天。卵期10~15天。初孵幼虫先于韧皮部附近取食，到2龄后开始蛀入木质部，深达髓部，并多顺枝条生长方向蛀食，少数向枝条基部取食。幼虫常有出蛀道啃食皮层的习性，常由蛀孔不断排出烟丝状粪屑，并黏于蛀孔外不易脱落。随虫体增长排粪孔（或称蛀孔）不断扩大，烟丝状粪屑也变粗加长，幼虫一生蛀食隧道长达6~9厘米，取食皮层面积达5平方厘米左右。粪屑常附于蛀道反方向，其长度与蛀道约等，越冬前或化蛹前常用粪屑封闭排粪孔和虫体前方的部分蛀道，生活期间蛀道内无粪屑。

防治方法

严格检疫、杜绝扩散　对带虫苗木不经处理不能外运，新建果园的苗木应严格检疫，防治有虫苗木植入。初发生的果园应及时将有虫枝条剪除烧掉或深埋或及时毒杀其中幼虫，以杜绝扩展。

防治成虫　成虫羽化期结合防治果树其他害虫，喷洒50%马拉硫磷乳油1500倍液、30%杀虫双水剂1000倍液及其他高效、低毒菊酯类杀虫药剂的常规浓度，对成虫均有良好的防治效果。

防治虫卵　在枝条产卵伤痕处，用煤油10份配50%杀螟硫磷乳油500倍液或90%晶体敌百虫300倍液1份的药液，涂抹产卵部位效果很好。

防治幼虫　①捕杀幼虫。利用幼虫有出蛀道啃食皮层的习性，于早晚在有新鲜粪屑的蛀道口，用铁丝钩出粪屑及其中的幼虫，或用粗铁丝直接刺入蛀道，以刺杀其中幼虫。②毒杀幼虫。卵孵化初期，结合防治果园其他害虫，喷

洒50%马拉硫磷乳油1500倍液或30%杀虫双水剂1000倍液及其他高效、低毒菊酯类杀虫药剂的常规浓度，毒杀初孵幼虫均有一定效果。或用蘸40%辛硫磷乳油100倍液的小棉球，由排粪孔塞入蛀道内，然后用泥土封口，可毒杀其中幼虫。

78 桃黄斑卷叶蛾（图2-78-1，图2-78-2）

属鳞翅目卷蛾科。又名桃黄斑卷叶虫、桃黄斑长翅卷叶蛾。

分布与寄主

分布　长江以北产区。

寄主　桃、李、杏、山楂、苹果、梨等果树。

危害特点　幼龄幼虫危害嫩叶、新芽，稍大卷叶或平叠叶片或贴叶果面，食叶肉呈纱网状和孔洞；啃食贴叶果的果皮，致呈不规则形凹疤，多雨时常腐烂脱落。

形态鉴别　成虫：有夏型和越冬型之分；体长约7毫米，翅展15～20毫米；前翅近长方形，顶角圆钝；夏型头胸背和前翅金黄色，其上散生银白色竖立鳞片，后翅和腹部灰白色；越冬型体较夏型稍大，体暗褐微带浅红，前翅上散生有黑色鳞片；后翅浅灰色。卵：扁椭圆形，直径约0.8毫米，乳白色至暗红色。幼虫：初龄幼虫体淡黄色，2～3龄为黄绿色，头、前胸背板及胸足都为黑色；成龄幼虫体长21毫米左右，黄绿至绿色，头部黄褐色，前胸盾黄绿色。蛹：体长9～11毫米，黑褐色。

发生规律　北方1年发生3～4代，以越冬型成虫在杂草、落叶间越冬，翌年3月开始活动，第一代卵于4月上中旬产于枝条或芽附近，一代幼虫孵后蛀食花芽及芽的基部后卷叶危害。以后各代幼虫均卷叶危害。世代重叠。成虫寿命越冬型5个多月，夏型仅有12天左右，单雌产卵80余粒，多散产于叶背。卵期一代约20天，其他世代4～5天。幼虫3龄前食叶肉仅留表皮，3龄后咬食叶片成孔洞。幼虫期约24天，共5龄，老熟后转移卷新叶结茧化蛹，蛹期平均13天左右。天敌有赤眼蜂、黑绒茧蜂、瘤姬蜂、赛寄蝇等。

防治方法

农业防治　冬春季清除果园及附近的枯枝落叶和杂草，集中堆沤或烧毁；幼虫发生及时摘除卷叶。

生物防治　释放赤眼蜂等天敌防治。

化学防治　在各代卵孵化盛期及时施药，可用90%晶体敌百虫或50%丙硫磷乳油、48%哒嗪硫磷乳油、50%杀螟硫磷乳油、50%马拉硫磷乳油1000倍液；25%三氟氯氰菊酯乳或20%氰戊菊酯乳油3000～3500倍液、10%联苯菊酯乳油4000倍液或52.25%蟀·氯乳油1500倍液防治。

79　桃剑纹夜蛾（图2-79-1至图2-79-4）

属鳞翅目夜蛾科。又名苹果剑纹夜蛾。

分布与寄主

分布　全国各产区。

寄主　苹果、桃、樱桃、杏、山楂、梨、李、核桃等果树。

危害特点　幼龄幼虫群集叶背危害，取食上表皮和叶肉，仅留下表皮和叶脉，受害叶呈网状，幼虫稍大后将叶片食成缺刻或孔洞，并啃食果皮，果面上出现不规则的坑洼。

形态诊断　成虫：体长17~22毫米，翅展40~48毫米，体表被较长的鳞毛，体、翅灰褐色；前翅有3条与翅脉平行的黑色剑状纹，基部的1条呈树枝状，端部2条平行，外缘有1列黑点；触角丝状暗褐色；后翅灰白色，翅脉淡褐色；腹面灰白色，雄腹末分叉，雌较尖。卵：半球形，直径1.2毫米，白至污白色。幼虫：老熟幼虫体长38~40毫米，头红棕色布黑色斑纹，其余部分灰色略带粉红；体背有1条橙黄色纵带，纵带两侧每节各有2个黑色毛瘤，其上着生黑褐色长毛，毛端黄白稍弯；第一腹节背面中央有1黑色柱状突起；胸足黑色，腹足俱全暗灰褐色。蛹：长约20毫米，棕褐色有光泽。

发生规律　1年发生2代，以茧蛹在土中或树皮缝中越冬。成虫于翌年5~6月间羽化。成虫昼伏夜出，有趋光性和趋化性，产卵于叶面。5月中下旬发生第一代幼虫，危害至6月下旬，吐丝缀叶，在其中结白色薄茧化蛹，第一代成虫于7月下旬至8月下旬发生。第二代幼虫于7月下旬至8月上中旬发生，9月中旬后化蛹越冬。天敌有桥夜蛾绒茧蜂等。

防治方法

农业防治　冬春翻树盘，消灭在土中越冬的蛹。

物理防治　成虫发生期设置糖醋液盆和黑光灯，诱杀成虫。

化学防治　幼虫发生期喷洒90%晶体敌百虫1000倍液或20%杀螟硫磷乳油2000倍液、20%甲氰菊酯乳油2000倍液、2.5%溴氰菊酯乳油3000倍液等。

80　桃潜叶蛾（图2-80-1至图2-80-3）

属鳞翅目潜蛾科。又名桃潜蛾。

分布与寄主

分布　全国各地。

寄主　桃、樱桃、李、杏、苹果、山楂等果树。

危害特点　幼虫在叶肉里蛀食呈弯曲隧道，致叶片破碎干枯脱落。

形态诊断 成虫：体长3毫米，翅展8毫米左右，银白色，触角丝状；前翅白色，狭长，中室端部有一椭圆形黄褐色斑，外侧具黄褐色三角形端斑一个；后翅灰色缘毛长。卵：圆形，长0.5毫米，乳白色。幼虫：体长6毫米，淡绿色，头淡褐色，胸足短小，黑褐色，腹足极小。蛹：长3~4毫米，细长淡绿色。茧：长椭圆形，白色，两端具长丝，黏附叶背。

发生规律 河南1年发生7~8代，以蛹在被害叶上的茧内越冬，翌年4月桃展叶后成虫羽化。北京平谷1年生6代，以成虫越冬。成虫昼伏夜出，卵散产在叶表皮内。孵化后在叶肉里潜食，初串成弯曲似同心圆状蛀道，常枯死脱落成孔洞，后线状弯曲也多破裂，粪便充塞蛀道中。幼虫老熟后钻出，多于叶背中部吐丝结茧，于内化蛹。5月上旬始见第一代成虫。后每20~30天完成一代。发生期不整齐，10~11月以成虫或以末代幼虫于叶上结茧化蛹越冬。

防治方法

农业防治 冬春季清除园内落叶和杂草，集中处理消灭越冬蛹和成虫。

化学防治 ①花前防治。山楂树花芽膨大期，叶芽尚未开放，越冬代成虫已出蛰群集在主干或主枝上，及时喷洒90%晶体敌百虫1000倍液对压低当年虫口数量有决定性作用。②防治一代幼虫。山楂树春梢展叶期，喷洒20%甲氰菊酯乳油或52.25%蜱·氯乳油1500~2000倍液、25%喹硫磷乳油1500倍液，5月下旬出蛾高峰期喷洒25%灭幼脲悬浮剂1500倍液。③8月中下旬叶面喷洒25%灭幼脲悬浮剂2000倍液或5%高效氯氰菊酯乳油1500倍液等。

81 无斑弧丽金龟（图2-81-1，图2-81-2）

属鞘翅目丽金龟科。

分布与寄主

分布 全国各产区。

寄主 板栗、苹果、山楂、草莓、黑莓、豆类、玉米、高粱、棉花等植物。

危害特点 成虫食害蕾花和嫩芽叶。幼虫又称“蛴螬”。危害根部。

形态诊断 成虫：体长11~14毫米，宽6~8毫米，体深蓝色带紫色，有绿色闪光；背面中间宽，稍扁平，头尾较窄，臀板无毛斑；唇基梯形，触角9节，棒状部3节，前胸背板弧拱明显；小盾片短阔三角形；鞘翅短阔，后方明显收狭，小盾片后侧具1对深显横沟，背面具6条浅缓刻点沟，第2条短，后端略超过中点；足黑色粗壮，前足胫节外缘2齿，雄虫中足2爪，大爪不分裂。卵：近球形，乳白色。幼虫：体长24~26毫米，弯曲呈“C”型，头黄褐色，体多皱褶，肛门孔呈横裂缝状。蛹：裸蛹，乳黄色，后端橙黄色。

发生规律 1年发生1代，以末龄幼虫越冬。由南到北成虫于5~9月出现，白天活动，安徽8月下旬成虫发生较多，成虫善于飞翔，在一处危害后，便飞往另处危害，成虫有假死性和趋光性。其发生量虽不如小青花金龟多，但其危害期长，个别地区发生量大，有潜在危险。

防治方法

农业防治　重点是抓好幼虫的防治，春秋季园内外土地深耕，并随犁拾虫消灭；不施用未腐熟的农家肥；在发生严重果园，合理控制灌溉，促使幼虫向土层深处转移，避开果树苗木最易受害时期。

物理防治　利用黑光灯、频振式杀虫灯诱杀成虫。

化学防治　①土壤处理。用50%辛硫磷乳油每亩200~250克，加水10倍喷于25~30千克细土上拌匀成毒土，或用10%辛硫磷颗粒剂1.5~2.5千克加细土拌匀，撒于地面，随即耕翻。②农家肥处理。按5立方米农家肥均匀拌入5%辛硫磷颗粒剂2.5~3千克的比例处理农家肥，可大量杀死其中的幼虫。③树上施药。成虫发生期叶面喷洒52.25%蜱·氯乳油或50%杀螟硫磷乳油、45%马拉硫磷乳油1500倍液、48%毒死蜱乳油或20%甲氰菊酯乳油1500~2000倍液等。

82　舞毒蛾（图2-82-1至图2-82-5）

属鳞翅目毒蛾科。又名柿毛虫、松针黄毒蛾、秋千毛虫。

分布与寄主

分布　全国各产区。

寄主　柿、苹果、柑橘、山楂等500余种植物。

危害特点　初孵幼虫群栖危害，稍大后分散危害，白天潜藏在树皮缝、枝杈、树下杂草等多种隐蔽场所，傍晚上树。幼虫蚕食叶片，严重时整树叶片被吃光。

形态诊断　成虫：雄虫体长18~20毫米，翅展45~47毫米，暗褐色；头黄褐色，触角羽状褐色；前翅外缘色深呈带状，翅面上有4~5条深褐色波状横线，中室中央有一黑褐色圆斑，中室端横脉上有一黑褐色"<"形斑纹，外缘脉间有7~8个黑点；后翅色较淡，外缘色较浓成带状。雌虫体长25~28毫米，翅展70~75毫米，污白微黄色；触角黑色短羽状，前翅上的横线与斑纹同雄虫相似，暗褐色；后翅近外缘有1条褐色波状横线；外缘脉间有7个暗褐色点；腹部肥大，末端密生黄褐色鳞毛。卵：卵圆形，0.9~1.3毫米，黄褐至灰褐色。幼虫：体长50~70毫米，头黄褐色，正面有"八"字形黑纹；胴部背面灰黑色，背线黄褐，腹面带暗红色，胸、腹足暗红色；各体节各有6个毛瘤横列，背面中央的一对色艳，上生棕黑色短毛，两侧的毛瘤上生黄白与黑色长毛一束。蛹：长19~24毫米，红褐至黑褐色。

发生规律　1年发生1代，以卵块在树体上、树下砖石块等处越冬。寄主发芽时孵化，初龄幼虫日间多群栖，夜间取食，受惊扰吐丝下垂借风力扩散，故称秋千毛虫。稍大后分散取食，白天栖息在树杈、皮缝或树下土石缝中，傍晚成群上树取食。幼虫期50~60天，6月中下旬陆续老熟爬到隐蔽处结薄茧化蛹，蛹期10~15天。7月成虫大量羽化。成虫有趋光性，雄蛾白天在枝叶间飞舞；雌体大、笨重，很少飞行，常在化蛹处附近产卵，在树上多产于枝干的阴面，卵400~500粒成块，形状不规则，上覆雌蛾腹末的黄褐色鳞毛。天敌主要有舞毒蛾黑瘤姬蜂、喜马拉雅聚瘤姬蜂、脊腿匙宗瘤姬蜂、舞毒蛾卵平腹小蜂、梳胫饰腹寄蝇、毛虫追寄蝇、隔脑狭颊寄蝇等。

防治方法

农业防治　冬春季清理树下砖石、土块，消灭越冬卵。幼虫发生期利用幼虫白天下树潜伏习性，在树干基部堆砖石瓦块，诱集捕杀幼虫。

生物防治　保护和利用天敌。

化学防治　①在幼虫孵化盛期和分散危害前，喷洒90%晶体敌百虫或50%杀螟硫磷乳油、50%辛硫磷乳油、90%杀螟丹可湿性粉剂1000倍液、2.5%溴氰菊酯乳油或20%氰戊菊酯乳油、1.8%阿维菌素乳油、10%联苯菊酯乳油3000倍液、52.25%蜱·氯乳油1500~2000倍液。②于傍晚幼虫上树前，在树干上喷洒高效低毒低残留的触杀剂或在树干上涂50~60厘米宽的药带，毒杀幼虫。

83　小青花金龟（图2-83-1至图2-83-3）

属鞘翅目花金龟科。又名小青花潜、银点花金龟、小青金龟子。

分布与寄主

分布　全国除新疆未见报道外，其他各地均有分布。

寄主　板栗、苹果、梨、李、杏、桃、山楂等果树。

危害特点　成虫食害芽、花器和嫩叶；幼虫危害植物地下部组织。

形态诊断　成虫：体长11~16毫米，宽6~9毫米，长椭圆形稍扁，背面暗绿、绿色或黑褐色，腹面黑褐色；体表密布淡黄色毛和点刻。头较小，黑褐或黑色；前胸背板半椭圆形，前窄后宽，其上有3个白斑；小盾片三角状；鞘翅狭长，翅面上生有白色或黄白色绒斑。卵：椭圆形，长1.7毫米×1.2毫米，乳白至淡黄色。幼虫：体长32~36毫米，体乳白色，头部棕褐色或暗褐色；臀节肛腹片后部生刺状刚毛。蛹：长14毫米，淡黄白至橙黄色。

发生规律　1年发生1代，北方以幼虫越冬，江南以幼虫、蛹或成虫越冬。以成虫越冬的翌年4月上旬出土活动，4月下旬到6月盛发。以末龄幼虫越冬的，成虫于5~9月陆续出现，雨后出土多。成虫白天活动、喜食花器，春季多群集食害花和嫩叶，导致落花，并随寄主开花早晚转移危害；成虫飞行力强，具假死性，夜间多入土潜伏。卵散产在土中、杂草或落叶下，尤喜产卵于腐殖质多的场所。幼虫孵化后以腐殖质为食，并危害根部，老熟后化蛹于浅土层。

防治方法

农业防治　冬春季耕翻果园，利用低温和鸟食消灭地下幼虫；随时清除果园杂草、落叶，不在果园内堆放未腐熟的农家肥；春季开花期张单震落成虫捕杀之。

化学防治　必要时叶面喷洒2.5%溴氰菊酯乳油1500倍液或5%顺式氰戊菊酯乳油3000倍液、25%喹硫磷乳油1000倍液、48%哒嗪硫磷乳油1500倍液等。

(84) 芽白小卷蛾（图2-84-1，图2-84-2）

属鳞翅目卷蛾科。又名顶梢卷叶蛾、顶芽卷蛾。

分布与寄主

分布　除西藏、新疆未见报道外，其他各地均有分布。

寄主　樱桃、桃、苹果、梨、李、杏、山楂等果树。

危害特点　幼虫危害新梢顶端，将叶卷成一团，食害新芽、嫩叶，生长点被食，新梢歪在一边，影响顶芽形成及树冠扩大。

形态鉴别　成虫：体长6~8毫米，翅展12~15毫米，淡灰褐色；触角丝状；前翅长方形，翅面有灰黑色波状横纹，前缘有数条并列向外斜伸的白色短线，后缘外侧1/3处有1块三角形的暗色斑纹，静止时并成菱形，外缘内侧前缘至臀角间有5~6个黑褐色平行短纹；后翅淡灰褐色。卵：扁椭圆形，长0.7微米，乳白至黄白色。幼虫：体长8~10毫米，体粗短，污白或黄白色；头、前胸盾、足和臀板均黑褐色；越冬幼虫淡黄色。蛹：长6~8毫米，黄褐色，纺锤形。茧：黄白色，长椭圆形。

发生规律　黄淮地区1年发生3代，山东、华北、东北2代。均以2~3龄幼虫于被害梢卷叶团内结茧越冬，少数于芽侧结茧越冬。1个卷叶团内多为1头幼虫，亦有2~3头者。寄主萌芽时越冬幼虫出蛰转移到邻近的芽危害嫩叶，将数片叶卷在一起，并吐丝缀连叶背茸毛作巢潜伏其中，取食时身体露出。经24~36天老熟于卷叶内结茧化蛹。化蛹期大体为5月中旬至6月下旬，蛹期8~10天。各代成虫发生期：2代区为6月至7月上旬、7月中下旬到8月中下旬；3代区为6月、7月、8月。成虫昼伏夜出，趋光性不强，喜食糖蜜。卵多散产于顶梢上部嫩叶背面，尤喜产于茸毛多处。卵期6~7天。初孵幼虫多在梢顶卷叶危害。末代幼虫危害到10月中下旬，在梢顶卷叶内结茧越冬。

防治方法

农业防治　冬春剪除被害梢干叶团，集中烧毁或深埋；幼虫危害季节及时摘除卷叶团，消灭其中幼虫和蛹。

化学防治　越冬幼虫出蛰盛期及第一代卵孵化盛期是施药的关键时期，可用48%哒嗪硫磷乳油或50%马拉硫磷乳油、50%杀螟硫磷乳油1000倍液，25%三氟氯氰菊酯乳油或20%氰戊菊酯乳油、2.5%溴氰菊酯乳油3000~3500倍液，52.25%蚍·氯乳油1500倍液或10%联苯菊酯乳油4000倍液。

85 山楂树休眠期害虫防治历

日期	防治对象	防治方法
11月至翌年3月	越冬虫、螨	1. 保护天敌。收集黄刺蛾越冬茧，挑出初寄生茧，保存在铁纱笼中，待翌年天敌羽化后继续控制黄刺蛾的发生 2. 清洁果园。落叶后解除草把、刮除老树皮、结合修剪剪除病虫死枝，摘除树上虫巢、虫茧，彻底清扫枯枝落叶和树上树下病虫僵果，深埋或烧毁，减少越冬虫源 3. 树干刮皮后涂白防病虫。于封冻前和3月份各涂1次；并于11月下旬和3月中下旬全树各喷1次3~5波美度石硫合剂或1:1:100倍波尔多液。介壳虫危害严重果园，干枝上喷布10%~20%的柴油乳剂或6倍的松脂合剂。发芽前喷药对消灭在树上越冬的害虫非常关键，如用药适当及时可有效控制当年害虫的发生 4. 浅翻树盘。越冬前，翻挖树盘表土20厘米，利用低温冻害和鸟食消灭越冬虫茧、蛹 5. 打冰凌、除蜡蚧。在冬季雾凇或雪挂天气，敲打树枝震冰，以震落介壳虫越冬虫体 6. 树干缠塑料带、涂药环。3月上旬在树干距地面30厘米高处缠6~10厘米宽的塑料带，并使上部反卷，阻止在树下越冬幼虫上树；或者涂1000倍液氰戊菊酯药环，15天左右更换一次，毒杀地下越冬害虫上树 7. 挂置杀虫灯。3月中旬前完成挂灯任务，可以安置频振式杀虫灯、黑光灯等；并在果园每隔20~30米悬挂1个性诱剂水碗诱捕器，悬挂在高1.5米的背阴枝上，水碗中盛水并加少量洗衣粉，诱芯距水面1厘米

日期	防治对象	防治方法
4月	山楂萤叶甲、山楂超小卷蛾、梨小、山楂绢粉蝶、山楂喀木虱、金毛虫、绿盲蝽、介壳虫类、蚜虫类、蜡蝉类等	1. 利用杀虫灯或性诱剂诱杀蛾类成虫 2. 利用黄油板粘杀蚜虫 3. 在距树干1米范围内施药，每亩用50%辛硫磷颗粒剂5～7.5千克，或50%辛硫磷乳剂0.5千克与50千克细沙土混合均匀撒入树冠下，或50%辛硫磷乳油800倍液对树冠下土壤喷雾。使药后浅锄地面5～10厘米，毒杀山楂萤叶甲等出土害虫 4. 4月中下旬树冠喷布5%氟虫脲乳油或50%马拉硫磷乳油、25%灭幼脲悬浮剂、48%哒嗪硫磷乳油、10%高渗烟碱水剂1000倍液；或10%吡虫啉可湿性粉剂2000～3000倍液、10%氯氰菊酯乳油2000倍液、52.25%蜱·氯乳油1200倍液、50%敌敌畏乳油800倍液、20%氰戊菊酯乳油2000倍液或50%辛硫磷乳油1000倍液+0.3%尿素液等，间隔10～15天，连喷2次
5月	山楂小食心虫、山楂萤叶甲、山楂超小卷蛾、山楂花象甲、桃蛀螟、李小食心虫、桃小食心虫、梨小食心虫、山楂绢粉蝶、金毛虫、肾毒蛾、绿盲蝽、丽金龟、介壳虫类、蚜虫类、蜡蝉类、天牛类、山楂蠹虫、吉丁虫等	1. 利用杀虫灯或性诱剂诱杀蛾类成虫 2. 随时摘除虫苞、虫巢(虫茧)、卵块烧毁。及时清除树下虫蛀花蕾和落果 3. 果园四周种植玉米、高粱、向日葵，每亩150～200株，诱集桃蛀螟集中危害而消灭 4. 根据害虫发生情况，适时叶面喷洒15%哒螨灵乳油或20%吡螨胺可湿性粉剂2000～3000倍液等防治螨类。喷洒25%灭幼脲悬浮剂2000倍液或50%丙硫磷乳油1500倍液、50%马拉硫磷乳油1000倍液、2.5%溴氰菊酯乳油3000倍液、50%敌敌畏乳油1500倍液、20%甲氰菊酯乳油2000倍液等，防治蝶蛾类、蚜虫类害虫；喷药时注意干枝上要全部着药，防治天牛类、介壳虫类害虫 5. 雨后或灌水后在树盘1米范围内撒辛硫磷颗粒剂或喷洒40%辛硫磷乳油1000倍液并浅锄，杀死出土的桃小食心虫 6. 剪除萎蔫枝梢烧掉，消灭豹纹木蠹蛾幼虫

日期	防治对象	防治方法
6月	山楂小食心虫、山楂萤叶甲、山楂超小卷蛾、山楂花象甲、桃蛀螟、李小食心虫、桃小食心虫、梨小食心虫、山楂绢粉蝶、螨类、刺蛾类、天幕毛虫、金毛虫、椿象类、金龟子类、蚜虫类、袋蛾类、蜡蝉类、介壳虫类、天牛类等	1. 利用杀虫灯或性诱剂诱杀蛾类成虫 2. 随时摘除虫苞、虫巢（虫茧）、卵块深埋或烧毁。及时清除树下虫蛀落果 3. 人工捕捉金龟子、椿象、花象甲等害虫 4. 6月上旬果园始挂桃小食心虫性诱芯，防治越冬代桃小食心虫。并根据测报在越冬幼虫出土数量突增时用辛硫磷颗粒剂处理树盘土壤或用50%辛硫磷乳油200～300倍液处理树干下土壤、地埂、沟渠等 5. 6月中下旬树冠喷洒25%亚胺硫磷乳油1500倍液或20%异丙威乳油1000倍液、25%甲萘威可湿性粉剂400～500倍液、50%敌敌畏乳油1000倍液、20%甲氰菊酯乳油2000倍液等防治介壳虫类和桃小食心虫及其他蛾蛾类。喷洒10%浏阳霉素1000～1500倍液或20%四螨嗪悬浮剂2000倍液、1.8%阿维菌素乳油3000～4000倍液等防治螨类 6. 及时对果园四周的玉米、高粱、向日葵喷洒上述药剂，防治桃蛀螟、桃小食心虫
7月	白小食心虫、桃蛀螟、李小食心虫、桃小食心虫、梨小食心虫、山楂绢粉蝶、梨叶斑蛾、螨类、刺蛾类、杏星毛虫、毒蛾类、剑纹夜蛾类、椿象类、叶蝉、黑蝉、舟形毛虫、蜡蝉类、介壳虫类、天牛类、山楂蠹虫等	1. 利用杀虫灯、性诱剂、糖醋液等诱杀蛾类成虫 2. 剪摘卵块、虫包及黑蝉危害枝条，深埋或烧毁 3. 及时防治天牛。及时捕杀天牛成虫；发现枝干上新排粪孔时，用铁丝刺到隧道底部，刺杀幼虫；及时清除死树和死枝，消灭虫源。在树干上涂刷石灰硫黄混合涂白剂（生石灰10份、硫黄1份、水40份）防止成虫产卵 4. 此期是各类害虫多发时间，在害虫卵孵化前后树冠喷洒30%菊·马乳油2000倍液或25%噻嗪酮乳油2500倍液、20%甲氰菊酯乳油3000倍液、40%水胺硫磷乳油2000～2500倍液、50%辛硫磷乳油1000倍液、5%氟啶脲乳油1000倍液、2%阿维菌素乳油3000倍液、48%毒死蜱乳油800倍液、25%灭幼脲悬浮剂2000倍液、5%氟啶脲乳油1500倍液等1～2次，10～15天1次，注意干枝着药，防治蛾类幼虫、天牛成虫及介壳虫类 5. 叶面喷洒48%哒嗪硫磷乳油1000倍液或52.25%蜱·氯乳油1200倍液；15%哒螨灵乳油或20%吡螨胺可湿性粉剂2000～3000倍液等防治螨类 6. 及时对果园四周的玉米、高粱、向日葵喷洒上述药剂，防治桃蛀螟、桃小食心虫、剑纹夜蛾类等 7. 药剂熏杀天牛。6～9月份发现排粪孔后，初期可用80%敌敌畏乳油10～20倍液涂抹排粪孔；防治晚可先清除其中的粪便、木屑，然后塞入蘸有80%敌敌畏乳油或50%辛硫磷乳油、45%马拉硫磷乳油10～20倍液的棉球或药泥，杀虫效果均良好

日期	防治对象	防治方法
8月	山楂小食心虫、白小食心虫、桃蛀螟、李小食心虫、桃小食心虫、梨小食心虫、山楂绢粉蝶、刺蛾类、螨类、毒蛾类、剑纹夜蛾类、椿象类、舟形毛虫、袋蛾类、蜡蝉类、介壳虫类、天牛类、山楂蠹虫等	防治方法同上月，注意根据虫情合理选用农药，应避免重复使用一种农药，一般一种农药在一个生长季使用不超过2次
9月	山楂小食心虫、白小食心虫、桃蛀螟、梨小食心虫、刺蛾类、毒蛾类、剑纹夜蛾类、椿象类、舟形毛虫、袋蛾类、叶蝉类、蜡蝉类、介壳虫类、天牛类、山楂蠹虫等	1. 9月上旬树干、大枝基部绑草把，诱集下树越冬害虫集中消灭 2. 进入果实着色期要尽量减少使用农药，必要时可使用低毒、低残留、残效期短的农药，并且尽量选择低浓度。可以喷洒90%晶体敌百虫1200倍液或50%马拉硫磷乳油1000倍液、25%噻嗪酮可湿性粉剂2000倍液、5%氟虫脲乳油2000倍液、2.5%氟氯氰菊酯乳油3000倍液或5%顺式氰戊菊酯乳油4000倍液等 3. 采果前20天停止使用农药
10月	金环胡蜂、毒蛾类、介壳虫类等	果实成熟期，一般不再用药。果实采摘后及时捡拾果园病虫果，集中销毁，减少越冬虫源

第 **3** 章

果园主要杂草识别与防治

01 莎草（图3-1-1至图3-1-4）

莎草科莎草属，多年生杂草。又名香附子、猪毛草、九篷根、三棱草、回头青。广布南北各地。是旱作物田、果园的常见杂草。

形态识别 块茎和小坚果（种子）繁殖。第一片真叶带状披针形，叶片长1.6厘米，宽0.3毫米，有5条明显的平行脉，叶片横剖面形状呈"V"形，叶片与叶鞘之间无明显连接处。第二片真叶与第一叶相似。第三片真叶有11条明显平行脉，其他与第二叶相似。根状茎和块根长匍匐状。秆散生直立，高20~95厘米，锐三棱形。叶基生，短于秆，叶鞘基部棕色，叶状苞片3~5个，下部的2~3片长于花序，长侧枝聚伞花序简单或复出，具3~10条长短不等的辐射枝，每枝有3~10个小穗排成伞形状；小穗条形，具6~26个小花；小穗轴有白色透明的翅。鳞片卵形或宽卵形，背面中间绿色，两侧紫红色，雄蕊3个，柱头3个，伸出鳞片外。小坚果三棱长圆形，暗褐色，表面具细点。种子成熟落地后经短暂休眠期，即可发芽；块茎春季气温回暖后发芽，春夏秋生长，花果期5~10月。

防治方法 全面深耕，加强田间管理，适时中耕除草。有效除草剂有甲草胺、异丙甲草胺、茅草枯、乙草胺、草甘膦、噁草酮、灭草松、敌草隆等。

02 狗尾草（图3-2-1至图3-2-4）

禾本科狗尾草属，一年生杂草。又名牛尾草、黄狗尾草、黄安草。全国各地均有分布，是旱作苗圃、果园常见的杂草。

形态识别 种子繁殖。第一片真叶带状，长2~3.5厘米，宽3~4毫米，先端急尖，有26条直出平行脉，其中3条较粗，叶片与叶鞘之间有一圈毛状叶舌，叶鞘紫红色。第二片真叶呈带状披针形，叶片基部腹面上疏生长柔毛。成株茎秆直立或基部倾斜地面，节处着地易生根，高20~90厘米。叶片条形，叶面近基部处常有毛；叶鞘扁而具脊，淡红色，光滑无毛；叶舌为一圈长约1毫米的柔毛，圆锥形，含1~2朵花，先端尖，通常在一簇中仅一个发育；第一颖长约为小穗的1/3，第二颖长约为小穗的一半，有5~7脉；第一外稃与小穗等长，具5脉，内稃膜质，与外稃近等长。谷粒先端尖，成熟时有明显的横皱纹，背部极隆起。黄淮地区春季气温回暖后种子发芽，春夏秋生长，花期8~9月。果期9~10月。

防治方法 合理轮作；田间及时中耕除草；有效除草剂有吡氟禾草灵、甲草胺、异丙甲草胺、乙草胺、敌稗、萘氧丙草胺、氟乐灵、灭草松、西玛津、噁草酮、茅草枯、草甘膦、敌草隆等。

03 反枝苋 （图 3-3-1，图 3-3-2）

苋科苋属，一年生杂草。又名西风谷。分布于东北、华北、西北、华中等地。也是蚜虫、蛾类幼虫的寄主。

形态识别 种子繁殖。适宜发芽温度 15~30℃，土层深度在 5 厘米以内。华北地区 4 月中下旬出苗，幼苗子叶 2 片，绿色或紫红色，有毛，长椭圆形，长 6~12 毫米、宽 1.2~2 毫米；初先叶 1 片，卵形，全缘，先端微凹，叶面灰绿色，叶背紫红色。成株茎高 20~80 厘米，粗壮，单一或分枝，密生短柔毛。叶菱状卵形或椭圆状卵形，顶端有小尖头，基部楔形、全缘或波状缘。圆锥花序顶生或腋生，由多数穗状花序组成；花单性或杂性，苞片和小苞片膜质；花被 5 个，白色，有 1 淡绿色中脉。胞果扁球形；种子倒卵形或近球形，棕黑色。春夏秋生长，花果期 7~9 月，8 月起种子陆续成熟，随熟随落，以风、雨水、肥等方式传播。

防治方法 及时中耕，铲除杂草；叶片可食，可以拔除佐餐；有效除草剂有噁草酮、灭草松、萘氧丙草胺、异丙甲草胺、乙氧氟草醚、氟乐灵、禾草灭等。

04 看麦娘 （图 3-4-1，图 3-4-2）

禾本科看麦娘属，一年生杂草。主要分布于华东、中南地区及云南、四川、陕西、河南、河北等地。冬春季节地势低洼的园地发生危害重。并是黑尾叶蝉、白翅叶蝉、灰飞虱、稻蓟马、红蜘蛛的寄主。看麦娘叶量丰富，草质好，蛋白质含量较高，产草量中等，春、夏季刈割采收，晒干或鲜用可作为牧草。

形态识别 种子繁殖。秋冬季出苗越冬，幼苗第 1 幼叶片线形，先端钝，长 10~15 毫米，绿色，无毛。第 2、第 3 叶片线形，先端尖锐，长 18~22 毫米，叶舌薄膜质。成株须根细软。秆少数丛生，柔软，叶鞘光滑，高 15~40 厘米。叶片扁平质薄。小穗椭圆形或卵状长圆形，灰绿色，长 2~7 厘米。颖和外稃膜质。花药橙黄色，长 0.5~0.8 毫米，春季生长旺盛，花果期 4~6 月。颖果线状倒披针形，暗灰色。

防治方法 合理轮作；田间及时中耕除草；有效除草剂有绿麦隆、扑草净、乙氧氟草醚、禾草灵、精恶唑禾草灵、野麦畏等。

05 蛇莓 （图 3-5-1 至图 3-5-3）

蔷薇科蛇莓属，多年生草本杂草。又名野草莓、地莓。辽宁以南各地都有分布。

形态识别 种子和分株繁殖。 全株有柔毛；匍匐茎多数，长 30～100 厘米。 小叶片倒卵形至菱状长圆形，长 2～5 厘米，宽 1～3 厘米，先端圆钝，边缘有钝锯齿，具小叶柄；叶柄长 1～5 厘米；托叶窄卵形至宽披针形，长 5～8 毫米。 花单生于叶腋，直径 1.5～2.5 厘米；花梗长 3～6 厘米，萼片卵形，长 4～6 毫米，先端锐尖，副萼片倒卵形，长 5～8 毫米，比萼片长，先端常具 3～5 锯齿；花瓣倒卵形，长 5～10 毫米，黄色，先端圆钝；雄蕊 20～30 枚；心皮多数，离生；花托在果期膨大，海绵质，鲜红色，有光泽，直径 10～20 毫米，外面有长柔毛。 瘦果卵形，长约 1.5 毫米，光滑或具不明显突起，鲜时有光泽。 春、夏、秋生长，花期 6～8 月，果期 8～10 月。

防治方法 深耕，加强田间管理，结合野生植物的利用在种子成熟前拔除全株。 有效除草剂有噁草酮、灭草松、萘氧丙草胺、嗪草酮、异丙甲草胺、乙氧氟草醚、氟乐灵、扑草净等。

06 长裂苦苣菜（图 3-6-1 至图 3-6-4）

菊科苦苣菜属，多年生草本植物。 又名败酱草、小蓟、苣荬菜、曲曲芽。 主要分布于我国西北、华北、东北等海拔 200～2300 米地带。

形态识别 种子和分株繁殖。 全株有乳汁。 地下根状茎匍匐。 茎直立，高 30～80 厘米，少分支。 多数叶互生，披针形或长圆状披针形；长 8～20 厘米，宽 2～5 厘米，先端钝，基部耳状抱茎，边缘有疏缺刻或浅裂，缺刻及裂片都具尖齿；基生叶具短柄，茎生叶无柄。 头状花序顶生，单一或呈伞房状，直径 2～4 厘米，总苞钟形；花为舌状花，鲜黄色；雄蕊 5 枚，花药合生；雌蕊 1 枚，子房下位，花柱纤细，柱头 2 裂，花柱与柱头都有白色腺毛。 瘦果，有棱，侧扁，具纵肋，先端具多层白色冠毛，冠毛细软。 黄淮地区春季发芽，4～5 月营养生长期，5～6 月开花期，6～7 月结实，其后为果后营养期，10 月下旬后枯黄。

防治方法 及时中耕，铲除杂草；有效除草剂有伏草隆、噁草酮、灭草松、萘氧丙草胺、异丙甲草胺、乙氧氟草醚、氟乐灵等。

07 艾蒿（图 3-7-1 至图 3-7-3）

菊科蒿属，多年生草本植物。 又名艾草、香艾、艾、灸草等。 分布于全国各地。

形态识别 种子繁殖和分株繁殖。 艾蒿和萎蒿形态特征近似。 但二者有较大区别：一是生长高度，艾蒿主干略粗长，茎部呈淡绿色，有的直径可达 1.5

厘米，高度在 80~250 厘米，直立性更强；而萎蒿的高度要低一些，主干也比较细小，茎部呈暗红色，直立性稍差。 二是叶子的形态，萎蒿叶的表面，布有一层白色茸毛，柔软而光滑，叶片小，其周围的锯齿纹略深，整个叶片呈狭长状；而艾蒿表面为灰绿色，白色茸毛在背面，其叶面宽而肥大。 三是萎蒿一般散发出来是普通青草味，有的甚至还有一股淡淡的臭味；而艾蒿散发出来的是特有的清香味，就是大家使用艾条或者干艾叶所闻到的那种味道。 四是最关键的一点，艾蒿药用价值较高，而萎蒿不适合作药用。

艾蒿特征：植株有香气。 主根明显，略粗长，直径可达 2 毫米以上，侧根多；茎单生或少数，高 80~250 厘米，有明显纵棱，褐色或灰黄褐色，基部稍木质化，上部草质，并有少数短的分枝，枝长 3~5 厘米；茎、枝均被灰色蛛丝状柔毛。 叶厚纸质，背面密被灰白色蛛丝状密茸毛；茎下部叶近圆形或宽卵形，羽状深裂，每侧具裂片 2~3 枚；叶柄长 0.5~0.8 厘米；中部叶卵形、三角状卵形或近菱形，长 5~8 厘米，宽 4~7 厘米，1~2 羽状深裂至半裂，每侧 2~3 裂，裂片卵形，长 2.5~5 厘米，宽 1.5~2 厘米，叶脉明显；上部叶与苞片叶羽状半裂、浅裂或 3 深裂或 3 浅裂或不分裂，而为椭圆形、长椭圆状披针形、披针形或线状披针形。 头状花序椭圆形，直径 2.5~3.5 毫米，无梗或近无梗，每数枚至10 余枚在分枝上排成小型的穗状花序或复穗状花序；花序托小；两性花 8~12朵。 瘦果长卵形或长圆形。 北方地区，宿根 3 月初发芽，种子 4 月中下旬萌发出土，7 月开花，8 月下旬至 9 月上旬种子成熟，10 月中旬植株枯黄。

防治方法 艾蒿及时采收作中药利用，在不影响树体生长的情况下可以作果园生草草类保存利用。 若因生长位置不合适，影响果树生长，需要清除时，可采用割除并挖根措施；还可用甲草胺、灭草松、毒草胺、噁草酮、扑草净、绿麦隆、氟磺胺草醚、西玛津等除草剂进行防除。

08 苘麻（图 3-8-1 至图 3-8-5）

锦葵科苘麻属，一年生亚灌木草本植物。 全国除青藏高原外，其他各地均有分布。 其茎皮纤维色白，具光泽，可作编织麻袋、搓绳索、编麻鞋等纺织材料。 种子含油量 15%~16%，供制皂、油漆和工业用润滑油；麻秆色白轻巧，可做纸扎工艺品的骨架或微型建筑造型工艺品用材；全草可作药用。

形态识别 种子繁殖。 茎枝被柔毛，高达 1~3 米。 叶互生，圆心形，长5~15 厘米，先端长渐尖，基部心形，边缘具细圆锯齿，两面均密被星状柔毛；叶柄长 3~12 厘米，被星状细柔毛；托叶早落。 花单生于叶腋，花梗长 1~13厘米，被柔毛；花萼杯状，密被短茸毛，裂片 5 片，卵形，长约 6 毫米；花黄色，花瓣倒卵形，长约 1 厘米。 蒴果半球形，直径约 2 厘米，长约 1.2 厘米，分果片 15~20 个，被粗毛，顶端具长芒 2 个；种子肾形，未成熟乳白色，成熟褐色。 春夏生长，花期 7~8 月。

防治方法 加强果园管理，及时中耕除草，特别在苘麻成熟前，彻底拔除单株，减少种子留存。 还可用有 2,4-滴、麦草畏、异丙甲草胺、利谷隆、灭草猛、氟磺胺草醚、西玛津、哒草特、灭草松、百草枯、苯磺隆、克阔乐、绿黄隆、草净津等除草剂进行防除。

⑨ 田旋花（图 3-9-1 至图 3-9-3）

旋花科旋花属，多年生草质藤本杂草。 又名小旋花、中国旋花、箭叶旋花、野牵牛、拉拉菀。 分布于全国各地。

形态识别 种子或分根茎法无性繁殖。 根状茎横走。 茎平卧或缠绕，有棱。 叶柄长 1~2 厘米；叶片戟形或箭形，长 2.5~6 厘米，宽 1~3.5 厘米，全缘或 3 裂，先端近圆或微尖，有小突尖头；中裂片卵状椭圆形、狭三角形、披针状椭圆形或线性；侧裂片开展或呈耳形。 花 1~3 朵腋生；花梗细弱；苞片很小、线性、与萼远离；萼片倒卵状圆形。 花冠漏斗形，粉红色、白色，长约 2 厘米，外面有柔毛，有不明显的 5 浅裂；雄蕊的花丝基部肿大；子房 2 室，有毛，柱头 2，狭长。 蒴果球形或圆锥状，种子椭圆形。 春、夏、秋生长量大，花期 5~8 月，果期 7~9 月。

防治方法 人工除草连根拔除，连续进行 2~3 年；有效除草剂有噁草酮、灭草松、萘氧丙草胺、异丙甲草胺、乙氧氟草醚、氟乐灵、吡氟禾草灵等。

⑩ 曼陀罗（图 3-10-1 至图 3-10-7）

茄科曼陀罗属，野生直立木质一年生草本植物。 又名山茄子、满达、曼扎、狗核桃、大喇叭花。 全国各地均有分布。

形态识别 种子繁殖。 茎粗壮，圆柱状，淡绿色或带紫色，下部木质化，上部幼嫩部分被短柔毛。 叶互生，上部呈对生状，叶片卵形或宽卵形，顶端渐尖，基部不对称楔形，有不规则波状浅裂，裂片顶端急尖，长 8~17 厘米，宽 4~12 厘米，叶柄长 3~5 厘米。 花单生于枝杈间或叶腋，直立，有短梗；花萼筒状，长 4~5 厘米，筒部有 5 棱角，两棱间稍向内陷，基部稍膨大，顶端紧围花冠筒，5 浅裂；花冠漏斗状，下半部带绿色，上部白色或淡紫色，檐部 5 浅裂，裂片有短尖头，长 6~10 厘米，檐部直径 3~5 厘米；雄蕊不伸出花冠，花丝长约 3 厘米，花药长约 4 毫米；子房密生柔针毛，花柱长约 6 厘米。 蒴果直立生，卵状，长 3~4.5 厘米，直径 2~4 厘米，表面生有坚硬针刺或无刺而近平滑，成熟后淡黄色，规则 4 瓣裂。 种子卵圆形，稍扁，长约 4 毫米，黑色。 黄淮地区 4 月上旬种子发芽出土，5~9 月生长旺盛，一般花期 6~10 月，果期 7~

11 月。

防治方法 加强果园管理，及时中耕除草，特别在曼陀罗成熟前，彻底拔除单株，减少种子留存。 还可用甲草胺、灭草松、伏草隆、噁草酮、扑草净、绿麦隆、氟磺胺草醚、西玛津等除草剂进行防除。

⑪ 虎尾草（图 3-11-1 至图 3-11-4）

禾本科虎尾草属，一年生草本植物，又名棒槌草、大屁股草，全国各地都有分布。

形态识别 种子或分株繁殖。 秆直立或基部膝曲，高 12~75 厘米，径 1~4 毫米，光滑无毛。 叶鞘背部具脊，包卷松弛；叶片线形，长 3~25 厘米，宽 3~6 毫米，边缘及上面粗糙。 穗状花序 5 至 10 余枚，长 1.5~5 厘米，着生于秆顶，常直立而并拢成毛刷状，有时包藏于顶叶之膨胀叶鞘中，成熟时常带紫色；小穗无柄，长约 3 毫米。 颖果纺锤形，淡黄色，光滑无毛而半透明。 春季种子发芽出土，夏秋生长。

防治方法 幼嫩时人工拔除，可作饲草；园地及时中耕；有效除草剂有伏草隆、草甘膦、禾草灭、噁草酮、萘氧丙草胺、异丙甲草胺、吡氟禾草灵、唏禾啶、氟乐灵等。

⑫ 猪毛菜（图 3-12-1，图 3-12-2）

藜科猪毛菜属，一年生草本植物。 又名猪毛缨、刺蓬等。 分布于全国各地。

形态识别 种子繁殖。 茎高 20~100 厘米，自茎基部分枝，枝互生，茎、枝绿色，有白色或紫红色条纹。 叶片丝状圆柱形，伸展或微弯曲，长 2~5 厘米，宽 0.5~1.5 毫米，顶端有刺状尖。 花序穗状，生枝条上部；苞片卵形，有刺状尖；小苞片狭披针形，顶端有刺状尖；花被片卵状披针形，顶端尖，果时变硬。 种子横生或斜生。 春季气温回暖种子发芽出土，夏季生长，花期 7~9 月，果期 9~10 月。

防治方法 合理轮作，全面秋深耕，施用腐熟的农家肥料；幼嫩时可食，及时拔除佐餐；种子成熟前彻底清除田旁隙地的猪毛菜，减少种子留存。 有效除草剂有扑草净、甲草胺、异丙甲草胺、乙草胺、敌稗、萘氧丙草胺、西玛津、扑草净、噁草酮、乙氧氟草醚、百草枯、草甘膦等。

⑬ 红蓼（图 3-13-1 至图 3-13-6）

蓼科蓼属，一年生草本植物。 又名荭草、大红蓼、大毛蓼、狗尾巴花、麦穗花，除西藏外，广布于全国各地。

形态识别　种子繁殖。茎直立，粗壮，高 1~3 米，上部多分枝。叶宽卵形、宽椭圆形或卵状披针形，长 10~20 厘米，宽 5~12 厘米，顶端渐尖，基部圆形或近心形，边缘全缘；叶柄长 2~10 厘米；托叶鞘筒状，长 1~2 厘米。总状花序呈穗状，顶生或腋生，长 3~7 厘米，花紧密，微下垂，通常数个再组成圆锥状；苞片宽漏斗状，长 3~5 毫米，每苞内具 3~5 花；花梗比苞片长；花被 5 深裂，淡红色或白色；花被片椭圆形，长 3~4 毫米。瘦果近圆形，直径长 3~3.5 毫米，黑褐色，有光泽，包于宿存花被内。春季气温回暖，种子发芽出土，春夏生长旺盛，花期 6~9 月，果期 8~10 月。

防治方法　合理轮作，全面秋深耕，施用腐熟的农家肥料；适时中耕除草，并在种子成熟前彻底清除，减少种子残留。有效除草剂有甲草胺、异丙甲草胺、乙草胺、敌稗、萘氧丙草胺、西玛津、扑草净、噁草酮、乙氧氟草醚、百草枯、草甘膦等。

⑭ 牵牛花（图 3-14-1 至图 3-14-6）

旋花科牵牛属，一年生缠绕草本植物。又名喇叭花。种子为常用中药，名为黑丑、白丑、黑白丑牵牛。我国除西北和东北少数地区外，大部分地区都有分布。

形态识别　种子繁殖，春天发芽，夏秋生长开花。茎叶上布有长短不等微硬的柔毛。叶宽卵形或近圆形，深或浅的 3 裂，偶 5 裂，长 4~15 厘米，宽 4.5~14 厘米，基部圆、心形，叶尖渐尖或骤尖；叶柄长 2~15 厘米。花腋生，单一或通常 2 朵着生于花序梗顶，花序梗长 1.5~18.5 厘米；苞片线形或叶状；花梗长 2~7 毫米。花冠漏斗形似喇叭状，长 5~10 厘米，颜色有蓝、绯红、桃红、紫等，亦有混色的，花瓣边缘的变化较多，花冠管色淡，也可作观赏植物。蒴果近球形，直径 0.8~1.3 厘米，3 瓣裂。种子卵状三棱形，长约 6 毫米，黑褐色或米黄色。

防治方法　人工除草连根拔除，连续进行 2~3 年；有效除草剂有甲草胺、噁草酮、灭草松、地乐胺、萘氧丙草胺、异丙甲草胺、乙氧氟草醚、氟乐灵等。

⑮ 旋覆花（图 3-15-1 至图 3-15-3）

菊科旋覆花属，多年生草本植物。又名金佛草、六月菊。分布于我国东北、华北、华中、西北及华东等地。

形态识别　种子和根茎繁殖。茎单生，有时 2~3 个簇生，直立，高 30~70

厘米，有时基部具不定根，基部径 3~10 毫米；上部有上升或开展的分枝，节间长 2~4 厘米。 基部叶常较小，在花期枯萎；中部叶长圆形、长圆状披针形或披针形，长 4~13 厘米，宽 1.5~4 厘米，常有圆形半抱茎的小耳，无柄，顶端稍尖或渐尖，边缘有小尖头状疏齿或全缘；上部叶渐狭小，线状披针形。 顶生头状花序，呈伞房状排列，花序直径 3~5 厘米，花序梗细长；舌状花 1 层，基部连合成管状。 瘦果长 1~1.2 毫米，圆柱形。 春暖发芽，春、夏、秋生长，花期 6~10 月，果期 9~11 月。

防治方法 幼苗时及时中耕；成株时挖根清除；还可用吡氟禾草灵、灭草松、噁草酮、扑草净、绿麦隆、氟磺胺草醚、西玛津等除草剂进行防除。

⑯ 茜草（图 3-16-1 至图 3-16-4）

茜草科茜草属，多年生草质攀缘植物。 又名扯拉秧、血茜草、血见愁、蒨草。 分布于全国各地。

形态识别 种子和分株繁殖。 根状茎和其节上的须根均红色。 草质茎数至多条，从根状茎的节上发出，细长可达 1.5~3.5 米，4 棱方柱形，棱上生倒生皮刺，中部以上多分枝。 叶通常 4 片轮生，纸质，披针形或长圆状披针形，长 0.7~3.5 厘米，顶端渐尖，有时钝尖，基部心形，边缘有齿状皮刺，两面粗糙；叶柄长 1~2.5 厘米，有倒生皮刺。 聚伞花序腋生和顶生，多回分枝，有花 10 余朵至数十朵，花序和分枝均细瘦；花冠淡黄色，直径 3~3.5 毫米，花冠裂片近卵形，长约 1.5 毫米。 果球形，直径 4~5 毫米，成熟时橘黄至紫黑色。 黄淮地区 3~4 月份宿根及种子发芽出土，春夏生长迅速，花期 8~9 月，果期 10~11 月。

防治方法 及时中耕，铲除杂草；有效除草剂有二甲戊灵、噁草酮、吡氟乙草灵、灭草松、萘氧丙草胺、异丙甲草胺、乙氧氟草醚、氟乐灵等。

⑰ 画眉草（图 3-17-1 至图 3-17-4）

禾本科画眉草属，一年生草本杂草。 又名榧子草、星星草、蚊子草。 分布全国各地。

形态识别 种子繁殖。 茎直立、葡伏或斜向上生长，多分枝，高 20~60 厘米，通常具 4 节。 叶鞘稍压扁，鞘口常具长柔毛；叶舌退化为 1 圈纤毛；叶片线形，长 6~20 厘米，宽 2~3 毫米，扁平或内卷，背面光滑，表面粗糙。 圆锥花序较开展，长 15~25 厘米，多分枝，小穗成熟后，暗绿色或带紫黑色，长 3~10 毫米，有 4~14 朵小花。 颖果长圆形，长约 0.8 毫米。 春、夏、秋生长，花、果期 8~11 月。

防治方法 幼嫩时人工拔除可作饲草；园地及时中耕；有效除草剂有稀禾啶、草甘膦、噁草酮、萘氧丙草胺、异丙甲草胺、吡氟禾草灵、烯禾啶、氟乐灵等。

18 地丁草（图3-18-1至图3-18-6）

罂粟科紫堇属，多年生草本植物，又名紫堇、布氏地丁等。华北、东北、华中、西北地区有分布。全草可以入药。

形态识别 种子和分株繁殖。具主根。茎自基部铺散分枝，灰绿色，具棱，高10~50厘米。基生叶多数，长4~8厘米，叶柄约与叶片等长，基部叶具鞘，边缘膜质；叶片上面绿色，下面苍白色，二至三回羽状全裂，一回羽片3~5对，具短柄，二回羽片2~3对，顶端分裂成短小的裂片，裂片顶端圆钝；茎生叶与基生叶同形。总状花序长1~6厘米，多花，先密集，后疏离，果期伸长。苞片叶状，具柄至近无柄。花梗短，长2~5毫米。花粉红色至淡紫色，平展；外花瓣顶端多少下凹，具浅鸡冠状突起，边缘具浅圆齿；上花瓣长1.1~1.4厘米；下花瓣稍向前伸出；内花瓣顶端深紫色。蒴果椭圆形，下垂，长1.5~2厘米，宽4~5毫米，具2列种子；种子直径2~2.5毫米，边缘具4~5列小凹点。

防治方法 园地深耕，捡拾地下根茎带出园外处理；结合全株可以入药的特性，有目的地挖除利用。采用唑草酮、精吡氟禾草灵、双氟磺草胺、嗪草酮、乙草胺等除草剂进行防治。

19 附地菜（图3-19-1，图3-19-2）

紫草科附地菜属，一年生或越年生草本杂草，又名地胡椒、鸡肠、鸡肠草、雀扑拉。分布全国各地。

形态识别 种子繁殖，以幼苗或种子越冬。茎通常基部分枝丛生，纤细，铺散，被短糙伏毛，高5~30厘米。基生叶呈莲座状，有叶柄，叶片匙形，长2~5厘米，先端圆钝，基部楔形或渐狭，两面被糙伏毛，茎上部叶长圆形或椭圆形，无叶柄或具短柄。花序生茎顶，幼时卷曲，后渐次伸长，长5~20厘米，通常占全茎的1/2~4/5，只在基部具2~3个叶状苞片，其余部分无苞片；花梗短，花后伸长，长3~5毫米，顶端与花萼连接部分变粗呈棒状；花萼裂片卵形，长1~3毫米，先端急尖；花冠淡蓝色或粉色，筒部甚短，檐部直径1.5~2.5毫米，裂片平展，倒卵形，白色或带黄色。小坚果斜三棱锥状四面体形，长0.8~1毫米。早春开花，花期至6月。

防治方法 及时中耕，铲除杂草；叶片可食，可以拔除佐餐；有效除草剂有噁草酮、恶草灵、灭草松、萘氧丙草胺、扑草净、异丙甲草胺、乙氧氟草醚、氟乐灵等。

20 地肤（图 3-20-1 至图 3-20-4）

藜科地肤属，一年生草本植物。又名扫帚苗、扫帚菜、地麦、落帚、绿帚、孔雀松、观音菜。

形态识别 种子繁殖。根略呈纺锤形。株丛紧密，株形呈卵圆至圆球形、倒卵形或椭圆形，茎多分枝，斜向上生长，具短柔毛，株高 50~200 厘米。不同品种茎、枝、叶分绿色、淡紫色、紫红色。主茎直立，圆柱状，有多数条棱，稍有短柔毛或下部几无毛，茎基部半木质化。叶为平面叶，披针形或条状披针形，单叶互生，长 2~5 厘米，宽 3~9 毫米，无毛或稍有毛，先端短渐尖，基部渐狭入短柄，通常有 3 条明显的主脉，边缘有疏生的锈色绢状缘毛；茎上部叶较小，无柄，1 脉。穗状花序，开红褐色或淡白色小花，花极小。果实扁球形，可入药，叫地肤子。嫩茎叶可以食用，老株可用来作扫帚。花期 6~9 月，果期 7~10 月。

防治方法 及时中耕，携出园外集中堆沤；利用嫩叶可食特性，幼苗时拔除摘叶取食；有效除草剂有胺草磷、氟乐灵、乙氧氟草醚、敌草胺、异丙甲草胺、萘氧丙草胺、灭草松等。

21 米瓦罐（图 3-21-1 至图 3-21-4）

石竹科蝇子草属，越年生或一年生草本植物，幼苗可食。又名麦瓶草、面条菜、净瓶、麦瓶子、麦黄菜。主要分布于华北和西北地区。

形态识别 种子繁殖，以幼苗或种子越冬。黄河中下游 9~10 月间出苗，早春出苗数量较少，春夏生长。幼苗上胚轴不发达，子叶长椭圆形，长 6~8 毫米，宽 2~3 毫米，先端尖锐，子叶柄极短，略抱茎。初生叶 2 片，匙形，全缘；茎生叶对生，无柄，基部连合，长圆形或披针形，长 5~8 厘米，宽 5~10 毫米，全缘，先端尖锐。成株全体腺毛短。茎直立，高 15~60 厘米，单生或叉状分枝，节部略膨大。聚伞花序顶生或腋生，花少数，有梗；萼筒长 2~3 厘米，开花时呈筒状，果时下部膨大呈玉颈瓶形，裂片 5。花瓣 5 片，倒卵形，紫红或粉红色。蒴果卵圆形或圆锥形，有光泽，包于宿存的萼筒内，中部以上变细，先端 6 齿裂。种子肾形，螺卷状，长约 1.5 毫米，红褐色。花期 4~6 月，种子于 5 月即渐次成熟。

防治方法 幼苗时铲除食用；成株时彻底拔除，减少种子存留；还可用精吡氟禾草灵、苯磺隆、苄嘧磺隆、乙氧氟草醚、氟唑草酮、噻磺隆等除草剂进行防除。

22 加拿大一枝黄花（图 3-22-1 至图 3-22-5）

菊科一枝黄花属，多年生草本植物。又名黄莺、麒麟草。在我国很多地区有分布。

这种植物花形色泽亮丽，常用于插花中的配花。是外来生物。引种后逸生成恶性杂草。主要生长在河滩、荒地、公路两旁、农田边、农村住宅四周，不择条件，适生性强，繁殖力极强，传播速度快，生长优势明显，生态适应性广阔，与周围植物争阳光、争肥料，直至其他植物死亡，从而对生物多样性构成严重威胁。可谓是黄花过处寸草不生，故被称为生态杀手、霸王花。列入《中国外来入侵物种名单》。

形态识别 种子和地下根茎繁殖。有长根状茎发达。茎直立、秆粗壮，高达 3 米左右，中下部直径可达 2 厘米，下部一般无分枝，常成紫红色。叶片披针形或线状披针形，互生，顶渐尖，基部楔形，近无柄，长 5~12 厘米。大多呈三出脉，边缘具锯齿。蝎尾状圆锥花序，长 10~50 厘米，具向外伸展的多个弯曲的花序分枝与单面着生的头状花序，头状花序长 4~6 毫米，在花序分枝上单面着生，花瓣黄色；总苞片线状披针形，长 3~4 毫米，边缘舌状花很短。

黄淮地区，3 月份开始萌发，4~9 月份营养生长，7 月初植株通常高达 1 米以上，9 月开花，10 月至 11 月中旬果实成熟，一株植株可形成 2 万多粒种子，所以每株植株在第二年就能形成一丛或一小片。

防治方法 幼苗期发现及时拔除，特别是种子成熟前连根拔除，减少种子存留；如不能拔除根茎，剪掉穗稭焚烧，防止种子、根状茎传播扩散；可以用地乐胺、扑草净、胺草磷、草甘膦、百草枯等除草剂进行防除。

23 秃疮花（图 3-23-1 至图 3-23-4）

罂粟科秃疮花属，多年生草本植物。又名秃子花、勒马回陕西、兔子花。分布于陕西、河南、青海、四川、云南、西藏、山西、甘肃等地海拔 400~3700 米的丘陵草坡或路旁、田埂。

形态识别 种子和地下根茎繁殖。主根圆柱形。茎高 25~80 厘米，被短柔毛；茎绿色，具粉，上部具多数等高的分枝。基生叶丛生，叶片狭倒披针形，长 10~15 厘米，宽 2~4 厘米，羽状深裂，裂片 4~6 对，再次羽状深裂或浅裂，小裂片先端渐尖，顶端小裂片 3 浅裂，表面绿色，背面灰绿色，疏被白色短柔毛；叶柄条形，长 2~5 厘米，疏被白色短柔毛，具数条纵纹；茎生叶少数，生于茎上部，长 1~7 厘米，羽状深裂、浅裂或二回羽状深裂，裂片具疏齿，先端三角状渐尖；无柄。 花 1~5 朵于茎和分枝先端排列成聚伞花序；花梗长 2~2.5 厘米，无毛；具苞片。 萼片卵形，长 0.6~1 厘米，先端渐尖，无毛或被短柔毛；花瓣倒卵形，长 1~1.6 厘米，宽 1~1.3 厘米，黄色；雄蕊多数，花丝丝状，长 3~4 毫米，花药长圆形，长 1.5~2 毫米，黄色；子房狭圆柱形，长约 6 毫米，绿色，密被疣状短毛，花柱短，柱头 2 裂，直立。 蒴果线形，长 4~7.5 厘米，粗约 2 毫米，绿色，无毛。 种子卵珠形，长约 0.5 毫米，红棕色，具网纹。 花期 3~5 月，果期 6~7 月。

防治方法 园地深耕，捡拾地下根茎带出园外处理；结合全株可以入药的特性，有目的地挖除利用。 采用毒草胺、唑草酮，氟乐灵、丁草胺、双氟磺草胺等除草剂进行防治。

㉔ 鹅绒藤（图 3-24-1 至图 3-24-4）

萝藦科鹅绒藤属，多年生缠绕草本植物，全草可入中药。 又名羊奶角角、牛皮消、软毛牛皮消、祖马花。 分布于辽宁、内蒙古、河北、山西、陕西、宁夏、甘肃、山东、江苏、浙江、河南等地。

形态识别 种子和地下根茎繁殖。 主根圆柱状，长约 20 厘米，直径约 5 毫米，干后灰黄色；茎缠绕，多分枝；全株被短柔毛；叶对生，薄纸质，宽三角状心形，长 4~9 厘米，宽 4~7 厘米，顶端锐尖，基部心形，叶面深绿色，叶背苍白色，两面均被短柔毛，脉上较密；侧脉约 10 对，在叶背略为隆起。 伞形聚伞花序腋生，两歧；花萼外面被柔毛，花冠白色，裂片长圆状披针形。 蓇葖果双生或仅有 1 个发育，细圆柱状，向端部渐尖，长 11 厘米左右，直径 5 毫米；种子长圆形；种毛白色绢质。 花期 6~8 月，果期 8~10 月。

防治方法 人工防除园地及周围鹅绒藤，尽量减少田间鹅绒藤来源；利用赛克津、二甲戊灵、异恶草松、咪草烟、氯嘧磺隆、氟磺胺草醚、杂草焚、乙草胺、2,4-滴丁酯、莠去津、氟乐灵、萘氧丙草胺、麦草畏等除草剂进行防除。

㉕ 酢浆草（图 3-25-1 至图 3-25-3）

酢浆草科酢浆草属，多年生草本植物。 又名酸浆草、酸酸草、斑鸠酸、三叶酸、酸咪咪、钩钩草。 全国各地都有分布。

形态识别 种子和分株繁殖。 根茎稍肥厚。 茎细弱，高 10~35 厘米，多分枝，直立或匍匐，匍匐茎节上生根，全株被柔毛。 叶互生，掌状复叶有 3 小叶，倒心形，小叶无柄。 叶基生或茎上互生；托叶小，长圆形或卵形，边缘被密长柔毛，基部与叶柄合生，或同一植株下部托叶明显而上部托叶不明显；叶柄长 1~13 厘米，基部具关节；小叶 3 枚，无柄，倒心形，长 4~16 毫米，宽 4~

22毫米，先端凹入，基部宽楔形，两面被柔毛或表面无毛，沿脉被毛较密，边缘具贴伏缘毛。

花单生或数朵集为伞形花序状，腋生，总花梗淡红色，与叶近等长；花梗长4~15毫米，果后延伸；小苞片2片，披针形，长2.5~4毫米，膜质；萼片5裂，披针形或长圆状披针形，长3~5毫米，背面和边缘被柔毛，宿存；花瓣5个，黄色，长圆状倒卵形，长6~8毫米，宽4~5毫米；雄蕊10枚，花丝白色半透明，有时被疏短柔毛，基部合生，长、短互间，长者花药较大且早熟；子房长圆形，5室，被短伏毛，花柱5，柱头头状。蒴果长圆柱形，长1~2.5厘米，5棱。种子长卵形，长1~1.5毫米，褐色或红棕色，具横向肋状网纹。花、果期2~9月。

春夏秋不间断开花，以春秋凉爽时间花开最盛。由于酢浆草低矮，生长快，开花时间长，花开时节较为壮观，可以引种驯化在园林绿化中应用。

防治方法 幼苗期及时中耕，铲除；种子成熟前拔除，减少种子存留；有效除草剂有敌草胺、噁草酮、灭草松、萘氧丙草胺、异丙甲草胺、乙氧氟草醚、百草枯等。

26 金鸡菊（图3-26-1至图3-26-3）

属菊科金鸡菊属，多年生宿根草本植物。又名小波斯菊、金钱菊、孔雀菊。外来物种，原产美国南部，全国多地有分布，曾经在河南等部分地区小规模爆发。具有观赏、药用价值。当漫延到田间时，又成为灾害性杂草。

形态识别 种子、扦插和分株繁殖。茎直立，高30~100厘米，上有分枝。叶片多对生，稀互生、全缘、浅裂或切裂。花单生或疏圆锥花序，总苞两列，每列3枚，基部合生。舌状花1列，宽舌状，呈黄、棕或粉色。管状花黄色至褐色。

耐寒耐旱，对土壤要求不严，喜光，但耐半阴，适应性强，对二氧化硫有较强的抗性。栽培容易，常能自行繁衍成为杂草。生产中多采用播种或分株繁殖，夏季也可进行扦插繁殖。播种繁殖一般在8月进行，也可春季4月底露地直播，7~8月开花，花陆续开到10月中旬。二年生的金鸡菊，早春5月底6月初就开花，一直开到10月中旬。

防治方法 幼苗时通过中耕清除，成株后适时采收卖作中药；影响到果树正常生长时要割除并挖根；还用敌草胺、灭草松、噁草酮、恶草灵、扑草净、绿麦隆、氟磺胺草醚、西玛津等除草剂进行防除。

27 离子草（图3-27-1，图3-27-2）

十字花科离子草属的一个种，一年生草本。又名红花荠菜、水萝卜棵、离子芥、离子草。 生于沟边、草地、农田果园。 分布于中国华北、西北、华中各地。

形态识别 种子繁殖。 全株疏生头状短腺毛。 茎斜上或铺散，高 15～40 厘米，从基部分枝。 基生叶有短柄，叶片长圆形，长 3～4 厘米，宽 4～6 毫米；茎下部叶有深波状齿痕；茎上部叶有齿痕或近全缘，疏生头状短腺毛。 总状花序稀疏而短，果期伸长；花紫色，萼片淡蓝紫色，具白色边缘，长圆形，内侧萼片基部稍呈囊状，长 4～5 毫米；花瓣狭倒卵状长圆形或长圆状匙形，长 9～11 毫米，基部有长爪，瓣片狭倒卵形，长约 4 毫米；雄蕊分离，在短雄蕊的内侧基部两侧各有 1 长圆形蜜腺；子房无柄。 长角果细圆柱形，长 1.5～3 厘米，直或稍弯。 有横节，不开裂，但逐节脱落，先端有长喙，喙长 10～20 毫米。 种子扁平，有边，随节段脱落，每节段有 2 粒种子。

防治方法 加强田间管理，人工及时除草；可用氟乐灵、苯磺隆、二甲戊灵、苄嘧磺隆、敌草胺、氟唑草酮、噻磺隆等除草剂进行防除。

28 独行菜（图 3-28-1 至图 3-28-4）

十字花科独行菜属，一年生或越年生草本植物。又名辣辣菜、腺茎独行菜、苦葶苈、北葶苈子、昌古等。 分布于东北、华北、西北、西南及江苏、浙江、安徽等地。 嫩叶作野菜食用；全草及种子供药用，亦可榨油。

形态识别 种子繁殖。 茎直立或斜升，高 5～30 厘米，多分枝，被微小头状毛。 基生叶莲座状，平铺地面，羽状浅裂或深裂，叶片狭匙形，长 3～5 厘米，宽 1～1.5 厘米；叶柄长 1～2 厘米；茎生叶狭披针形至条形，有疏齿或全缘。 总状花序顶生，在果期可延长至 5 厘米；花小、卵形，长约 0.8 毫米，外面有柔毛；花瓣不存或退化成丝状，比萼片短；雄蕊 2 或 4。 短角果近圆形或宽椭圆形，扁平，长 2～3 毫米，宽约 2 毫米，顶端微缺，上部有短翅，隔膜宽不到 1 毫米；果梗弧形，长约 3 毫米。 种子椭圆形，长约 1 毫米，平滑，棕红色。 花果期 5～7 月。

防治要点 及时中耕铲除；抽茎前幼嫩可食，因冬春季果园很少施用农药，是很好的绿色食品蔬菜，可以挖除食用；还可用伏草隆、苯磺隆、苄嘧磺隆、敌草胺、氟唑草酮、噻磺隆等除草剂进行防除。

29 铁杆蒿（图 3-29-1 至图 3-29-4）

菊科蒿属，多年生半灌木植物。 又名白莲蒿、万年蒿。 主要分布于河南、陕西、山西、山东、新疆、西藏、内蒙古、甘肃、辽宁、吉林、山东、江苏、浙江等地。

形态识别 种子和分株繁殖。 茎直立，高 30 ~ 100 厘米，基部木质化，多分枝，暗紫红色，无毛或上部被短柔毛。 茎下部叶在开花期枯萎；中部叶具柄，基部具假托叶，叶长卵形或长椭圆状卵形，长 3 ~ 14 厘米，宽 3 ~ 8 厘米，二至三回栉齿状羽状分裂，小裂片披针形或条状披针形，全缘或有锯齿，叶幼时两面被丝状短柔毛，后被疏毛或无毛；上部叶小，一至二回栉齿状羽状分裂。头状花序多数，近球形或半球形，直径 2 ~ 3.5 毫米，下垂，排列成复总状花序，总苞片 3 ~ 4 层，背面绿色，边缘宽膜质；花两性，多数，管状；花托凸起，裸露。 瘦果卵状椭圆形，长约 1.5 毫米。

北方冬季寒冷地区，春暖后萌发，7 月初开花，8 月初结实；9 月以后开始枯黄；南方冬季温暖地区，早春基部即萌发新芽。 抗旱力、耐寒性较强；结实数量很大，种子繁殖力很强，根蘖也很发达，从母株不断长出新枝条。 在局部地区为植物群落优势种的主要伴生种。

防治方法 铁杆蒿有一定的药用价值可以利用；可作牧草利用；影响到果树正常生长时要割除并挖根；还可用敌草胺、灭草松、噁草酮、恶草灵、扑草净、绿麦隆、氟磺胺草醚、西玛津等除草剂进行防除。

㉚ 窄叶野豌豆（图 3-30-1 至图 3-30-7）

豆科野豌豆属，一年生或越年生草本植物。 分布于中国的东北、华北、西北、华中及西南等地。

形态识别 种子繁殖。 茎斜升、蔓生或攀缘，多分支，高 20 ~ 80 厘米，被疏柔毛。 偶数羽状复叶，长 2 ~ 6 厘米，叶轴顶端卷须发达；托叶半箭头形或披针形，长约 0.15 厘米，有 2 ~ 5 齿，被微柔毛；小叶 4 ~ 6 对，线形或线状长圆形，长 1 ~ 2.5 厘米，宽 0.2 ~ 0.5 厘米，先端平截或微凹，具短尖头，基部近楔形，叶脉不甚明显，两面被浅黄色疏柔毛。 花 1 ~ 2（3 ~ 4）腋生，有小苞叶；花萼钟形，萼齿 5 枚，三角形，外面被黄色疏柔毛；花冠红色或紫红色，旗瓣倒卵形，先端圆、微凹，有瓣柄，翼瓣与旗瓣近等长，龙骨瓣短于翼瓣；子房纺锤形，被毛，胚珠 5 ~ 8 个，子房柄短，花柱顶端具一束髯毛。 荚果长线形，微弯，长 2.5 ~ 5 厘米，宽约 0.5 厘米，种皮黑褐色，革质，肿脐线形，长相当于种子圆周 1/6。 花期 3 ~ 6 月，果期 5 ~ 9 月。

窄叶野豌豆在亚热带地区，于春季 2 月底至 3 月初出苗；秋季于 9 月底至 10 月底陆续出苗。 秋季出的苗能越冬，并于翌年 2 月底至 3 月初返青生长，3 月底至 4 月初现蕾，花期较长，5 月下旬荚果成熟期。 早春的实生苗当年能开花结实，生育期约为 240 天。 在北方为一年生，春季 3 月底至 4 月初出苗，4 月中下旬开花结实，5 月底至 6 月初荚果成熟，生育期 150 天左右，是早春的优良牧草。

防治方法 适时中耕除草，因其可以作牧草，在不影响果树生长的前提下，可以刈割利用；在种子成熟前彻底清除田旁隙地的窄叶野豌豆，减少种子存留；有效除草剂有双苯酰草胺、甲草胺、异丙甲草胺、乙草胺、敌稗、萘氧丙草胺、西玛津、扑草净、噁草酮、乙氧氟草醚、百草枯、草甘膦等。

㉛ 小苜蓿（图3-31-1至图3-31-3）

豆科苜蓿属，一年生草本植物。分布于长江以北各地。

形态识别 种子繁殖。全株被伸展柔毛，偶杂有腺毛；主根粗壮。茎铺散，平卧并上升，基部多分枝。羽状三出复叶；托叶卵形，先端锐尖，基部圆形，全缘或不明浅齿；叶柄细柔，长5~20毫米；小叶倒卵形，几等大，长5~8（~12）毫米，宽3~7毫米，纸质，先端圆或凹缺，具细尖，基部楔形，边缘1/3以上具锯齿，两面均被毛。花序头状，具花3~6（~8）朵，疏松；总花梗细，挺直，腋生，通常比叶长，有时甚短；苞片细小，刺毛状；花长3~4毫米；花梗甚短或无梗；萼钟形，密被柔毛，萼齿披针形，不等长，与萼筒等长或稍长；花冠淡黄色，旗瓣阔卵形，显著比翼瓣和龙骨瓣长。

荚果球形，旋转3~5圈，直径2.5~4.5毫米，边缝具3条棱，被长棘刺，通常长等于半径，水平伸展，尖端钩状；种子每圈有1~2粒，种子长肾形，长1.5~2毫米，棕色，平滑。花期3~4月，果期4~5月。

防治方法 适时中耕除草，因其可以作牧草，及时刈割利用；并在种子成熟前彻底清除田旁隙地的小苜蓿。有效除草剂有甲草胺、异丙甲草胺、乙草胺、敌稗、萘氧丙草胺、西玛津、扑草净、噁草酮、乙氧氟草醚、百草枯、草甘膦等。

㉜ 扁秆藨草（图3-32-1，图3-32-2）

莎草科藨草属杂草。分布于我国东北及华北、华东、西北、华中地区。

形态识别 种子和根状茎和块茎繁殖。具匍匐根状茎和块茎。秆高60~100厘米，一般较细，三棱形，平滑，靠近花序部分粗糙，基部膨大，具秆生叶。叶扁平，宽2~5毫米，向顶部渐狭，具长叶鞘。叶状苞片1~3枚，长于花序，边缘粗糙；长侧枝上花序短缩成头状，或有时具少数辐射枝，通常具1~6个小穗；小穗卵形或长圆状卵形，锈褐色，长10~16毫米，宽4~8毫米，具多数花；鳞片膜质，长圆形或椭圆形，长6~8毫米，褐色或深褐色，外面被稀少的柔毛，背面具一条稍宽的中肋，顶端或多或少缺刻状撕裂，具芒；下位刚毛4~6条，上生倒刺，长为小坚果的1/2~2/3；雄蕊3枚，花药线形，长约3毫米；花柱长，柱头2裂。小坚果宽倒卵形，或倒卵形，两面稍凹，或稍凸，长

3~3.5毫米。花期5~6月，果期6~9月。

生于潮湿沟渠边或浅水中，繁殖力和再生能力很强，蔓延快，一旦侵入则较难清除。

防治方法　全面深耕，加强田间管理，适时中耕除草。有效除草剂有恶草灵、苄嘧磺隆、双草醚、丁草胺、甲草胺、噁草酮、乙氧氟草醚、吡嘧磺隆等。

㉝　长芒草（图3-33-1，图3-33-2）

禾本科针茅属，多年生密丛草本禾草。分布于我国华北、西北、华中地区。优良野生牧草。

形态识别　种子繁殖。须根丰富；秆紧密丛生，基部膝曲，高20~60厘米，具2~5节，光滑。叶层高15~30厘米，叶鞘无毛，基生者常内含隐藏小穗；叶舌膜质，长1~4毫米，顶端尖，两侧下延与叶鞘边缘结合；叶片内卷呈针状，茎生者长2.5~5厘米，蘖生者长10~20厘米。花序基部常为叶鞘所包，长10~20厘米，分枝细弱，2~4个簇生；小穗灰绿色或淡紫色，稀疏着生于分枝上部；颖长9~15毫米，延伸成细芒，具3~5脉，外稃长4.5~6毫米，背部短毛，顶端关节处有一圈短毛，其下有微刺毛；芒二回膝曲，无毛或具少量柔毛，芒长1~5厘米；内稃和外稃等长。颖果圆柱形。长芒草早春3月下旬至4月上旬返青，月初抽穗开花，雨季来临时已进入果后营养期。秋季，在叶鞘基部生有珠芽，珠芽脱离母体能形成新的植株，这是长芒草的一种特殊繁殖方式。

防治方法　合理轮作；田间及时中耕除草；有效除草剂有高效吡氟乙草灵、吡氟禾草灵、甲草胺、异丙甲草胺、乙草胺、敌稗、萘氧丙草胺、氟乐灵、灭草松、西玛津、噁草酮、茅草枯、草甘膦、敌草隆等。

㉞　黄顶菊（图3-34-1至图3-34-5）

菊科黄顶菊属，一年生草本植物。又名南美黄顶菊、野菊花。在我国的华北、华中、华东、华南及沿海地区都有分布。原产于南美洲巴西、阿根廷等国，2001年前后通过不同途径传入我国。列入《中国外来入侵物种名单》（第二批）。

形态识别　种子繁殖。植株高低差异很大，株高20~250厘米，最高可达到3米以上。茎直立、青色或紫色，具有数条纵沟槽，茎上带短茸毛。叶子交互对生，长椭圆形，多汁近肉质；长6~18厘米、宽2.5~4厘米，叶边缘有稀疏而整齐的锯齿，基生3条平行叶脉。

主茎及侧枝顶端上生有密密麻麻的黄色头状花序，聚集顶端密集成蝎尾状聚伞花序，花冠鲜艳，花鲜黄色，非常醒目。 生长迅速，枝繁叶茂，11 月份后，植株开始干枯。

黄顶菊的头状花序由许多个只有米粒大小的花朵组成，每一朵花可以产生一粒瘦果。 一粒果实中有一粒种子，种子黑色、极小，每粒大小仅 1~3.6 毫米，但其繁殖力强，每一粒种子都可依托风、水等自然力和人类活动传播，扩散蔓延速度快，遇到适宜的环境迅速生长。 黄顶菊结实量多，一株黄顶菊最多可结 12 万粒种子，花果期夏季至秋季。

黄顶菊具有极强的生理适应能力和进化趋势；喜生于荒地、沟边、公路两旁等富含矿物质及盐分的生长环境。 具有喜光、喜湿、嗜盐习性、生长迅速，特别是偏盐碱性土壤适宜其生长繁殖。

地表 5 厘米地温稳定达到 14℃，土壤湿度达 75% 以上，黄顶菊种子开始萌发，不同的环境萌发时间不一，一般每年从 4 月上中旬开始到 9 月份，黄顶菊种子均可萌发繁殖。

黄顶菊根系发达，根长可达 2 米以上。 其根系可产生一种化感物质，而抑制其他生物生长，在与周围植物争夺阳光和养分的竞争中，挤占其他植物的生存空间，严重影响其他植物的生长，并最终导致其他植物死亡，致使其他生物灭绝。 有研究表明，在生长过黄顶菊的土壤里播种小麦、大豆，其发芽能力降低。 因此，黄顶菊一旦入侵农田，将严重威胁农牧业生产及生态环境安全，因此又称为"生态杀手"。

防治方法

人工拔除 4~8 月是黄顶菊营养生长期，也是铲除黄顶菊的最佳时期。 对零散分布的黄顶菊要做到及时发现、及时铲除。 对成片发生地区，先割除植株，再耕翻晒根，并捡尽根茎后焚烧，做到斩草除根。

化学防除 在黄顶菊苗期阶段喷药防治效果好。 第一次用药宜在 5 月中旬，第一次用药后间隔 35~40 天再进行第二次药物补杀。

非农田防治 每亩用 30 毫升 20% 二甲四氯钠盐水剂加 30 毫升 48% 苯达松水剂混合，兑水 40 千克均匀喷雾；或每亩用 100 毫升 10% 草甘膦水剂，兑水 40 千克均匀喷雾，3 天后黄顶菊枝端变黄，7~10 天后死亡。

农田防治 每亩用 20~30 毫升 25% 虎威水剂，兑水 40~50 千克均匀喷雾防除；或每亩用 30 毫升 20% 二甲四氯钠盐水剂加 30 毫升 48% 苯达松水剂混合，兑水 40 千克均匀喷雾防除。

㉟ 龙爪茅（图 3-35-1 至图 3-35-3）

禾本科龙爪茅属，为一年生或多年生草本植物。 又名竹目草、埃及指梳茅。 分布于我国热带及亚热带地区。

形态识别 种子繁殖和分株繁殖。秆直立，高 15~60 厘米，或基部匍匐状，于节处生根且分枝。叶鞘松弛，边缘被柔毛；叶舌膜质，长 1~2 毫米，顶端具纤毛；叶片扁平，长 5~18 厘米，宽 2~6 毫米，顶端尖或渐尖，两面被疣基毛。穗状花序 2~7 个指状排列于秆顶，长 1~4 厘米，宽 3~6 毫米；小穗长 3~4 毫米，含 3 小花；外稃中脉成脊，脊上被短硬毛，第一外稃长约 3 毫米，有近等长的内稃；其顶端 2 裂，背部具 2 脊，背缘有翼，翼缘具细纤毛；颖果球状；花果期 5~10 月。

防治方法 合理轮作；田间及时中耕除草；有效除草剂有恶草灵、吡氟禾草灵、甲草胺、异丙甲草胺、乙草胺、敌稗、萘氧丙草胺、氟乐灵、灭草松、西玛津、噁草酮、茅草枯、草甘膦、敌草隆等。

㊱ 鸡眼草（图 3-36-1，图 3-36-2）

豆科鸡眼草属，多年生植物。又名掐不齐、牛黄黄、公母草。分布于我国东北、华北、华东、中南、西南等地。生于路旁、田边、溪旁、砂质地或缓山坡草地，海拔 500 米以下。

形态识别 种子繁殖和根茎繁殖。茎披散或平卧，多分枝，高 5~45 厘米，茎和枝上被倒生的白色细毛。叶为三出羽状复叶；托叶大，膜质，卵状长圆形，长 3~4 毫米，具条纹，有缘毛；叶柄极短；小叶倒卵形、长倒卵形或长圆形，长 6~22 毫米，宽 3~8 毫米，先端圆形，基部近圆形或宽楔形，全缘；两面沿中脉及边缘有白色粗毛，但上面毛较稀少，侧脉多而密。

花小，单生或 2~3 朵簇生于叶腋；花梗下端具 2 枚大小不等的苞片，萼基部具 4 枚小苞片，其中 1 枚极小，位于花梗关节处；花萼紫色、钟状 5 裂，裂片宽卵形，外面及边缘具白毛；花冠粉红色或紫色，长 5~6 毫米，较萼约长 1 倍，旗瓣椭圆形，龙骨瓣比旗瓣稍长或近等长，翼瓣比龙骨瓣稍短。荚果圆形或倒卵形，长 3.5~5 毫米，较萼稍长或长达 1 倍，先端短尖，被柔毛。花期 7~9 月，果期 8~10 月。

防治方法 适时中耕除草，由于是多年根生，且根较发达，中耕时一定要连根清除。有效除草剂有敌草胺、甲草胺、异丙甲草胺、乙草胺、敌稗、萘氧丙草胺、西玛津、扑草净、噁草酮、乙氧氟草醚、百草枯、草甘膦等。

㊲ 朝天委陵菜（图 3-37-1 至图 3-37-3）

蔷薇科委陵菜属，一年生或二年生草本植物。又名伏委陵菜、仰卧委陵菜、铺地委陵菜、老鹳筋、老鸹金、鸡毛草等。广布于北半球温带及部分亚热带地区。有药用价值。

形态识别 种子繁殖。 主根细长，并有稀疏侧根。 茎平展、斜向直立或直立，叉状分枝，长 20~50 厘米。 基生叶羽状复叶，有小叶 2~5 对，叶间距 0.8~1.2 厘米，连叶柄长 4~15 厘米；小叶互生或对生，无柄，最上面 1~2 对小叶基部下延与叶轴合生，小叶片长圆形或倒卵状长圆形，长 1~2.5 厘米，宽 0.5~1.5 厘米，顶端圆钝或急尖，基部楔形或宽楔形，边缘有圆钝或缺刻状锯齿，两面绿色；茎生叶与基生叶相似，向上小叶对数逐渐减少；基生叶托叶膜质，褐色，茎生叶托叶草质，绿色，全缘，有齿或分裂。 茎、叶被稀疏柔毛或脱落几无毛。 花茎上多叶，下部花自叶腋生，顶端呈伞房状聚伞花序；花梗长 0.8~1.5 厘米，密被短柔毛；花直径 0.6~0.8 厘米；萼片三角卵形，顶端急尖，副萼片长椭圆形或椭圆披针形，顶端急尖，比萼片稍长或近等长；花瓣黄色，倒卵形，顶端微凹，与萼片近等长或较短；花柱近顶生，基部乳头状膨大，花柱扩大。

瘦果长圆形，先端尖，腹部鼓胀。 花果期 3~10 月。

防治方法 深耕，加强田间管理，结合可以入药的特性在种子成熟前拔除全株。 有效除草剂有伏草隆、噁草酮、灭草松、甲草胺、萘氧丙草胺、异丙甲草胺、乙氧氟草醚、氟乐灵等。

38 苦苣菜（图 3-38-1 至图 3-38-5）

菊科苦苣菜属一年生或二年生草本植物。 又名苦菜、小鹅菜、滇苦菜、拒马菜、苦苦菜、野芥子。 全国各地均有分布。 可以食用、药用、作牧草。

形态识别 种子繁殖。 根圆锥状，垂直直伸，有多数纤维状的须根。 茎直立，单生，高 40~150 厘米，有纵条棱或条纹，不分枝或上部有短的伞房花序状或总状花序式分枝，全部茎枝光滑无毛，或上部花序分枝及花序梗被头状具柄的腺毛。

基生叶羽状深裂，长椭圆形或倒披针形，或大头羽状深裂，或基生叶不裂，椭圆形、椭圆状戟形、三角形或三角状戟形或圆形，全部基生叶基部渐狭成长或短翼柄；中下部茎叶羽状深裂或大头状羽状深裂，椭圆形或倒披针形，长 3~12 厘米，宽 2~7 厘米，基部急狭成翼柄，翼狭窄或宽大，向柄基逐渐加宽，柄基圆耳状抱茎，顶裂片与侧裂片等大或较大或大，宽三角形、戟状宽三角形、卵状心形，侧生裂片 1~5 对，椭圆形，常下弯，全部裂片顶端急尖或渐尖，下部茎叶或接花序分枝下方的叶与中下部茎叶同型并等样分裂或不分裂而披针形或线状披针形，且顶端长渐尖，下部宽大，基部半抱茎；全部叶或裂片边缘及抱茎小耳边缘有大小不等的急尖锯齿或大锯齿或上部及接花序分枝处的叶，边缘大部全缘或上半部边缘全缘，顶端急尖或渐尖，两面光滑，质地薄。

头状花序少数在茎枝顶端排成紧密的伞房花序或总状花序或单生茎枝顶

端。 总苞宽钟状，长 1.5 厘米，宽 1 厘米；总苞片 3~4 层，覆瓦状排列，向内层渐长；外层长披针形或长三角形，长 3~7 毫米，宽 1~3 毫米，中内层长披针形至线状披针形，长 8~11 毫米，宽 1~2 毫米；全部总苞片顶端长急尖，外面无毛或外层或中内层上部沿中脉有少数头状具柄的腺毛。 舌状小花多数，黄色。

瘦果褐色，长椭圆形或长椭圆状倒披针形，长 3 毫米，宽不足 1 毫米；冠毛白色，长 7 毫米，单毛状，彼此纠缠。 花果期 5~12 月。

防治方法 及时中耕除草，特别是种子成熟前清除，减少种子留存；利用可以食用、药用、作牧草的特性，于植株幼嫩期拔除利用；有效除草剂有扑草净、噁草酮、灭草松、萘氧丙草胺、异丙甲草胺、乙氧氟草醚、氟乐灵等。

㊴ 蒲公英（图 3-39-1 至图 3-39-5）

菊科蒲公英属多年生草本植物。 又名华花郎、蒲公草、尿床草、西洋蒲公英、婆婆丁。 广泛分布全国各地中、低海拔地区的农田、草地、路边、田野、河滩。 蒲公英可生吃、炒食、做汤，是药食兼用的植物。

形态识别 种子繁殖和根茎繁殖。 根圆柱状，黑褐色，粗壮。 叶倒卵状披针形、倒披针形或长圆状披针形，长 4~20 厘米，宽 1~5 厘米，先端钝或急尖，边缘有时具波状齿或羽状深裂，有时倒向羽状深裂或大头羽状深裂，顶端裂片较大，三角形或三角状戟形，全缘或具齿，每侧裂片 3~5 片，裂片三角形或三角状披针形，通常具齿，平展或倒向，裂片间常夹生小齿，基部渐狭成叶柄，叶柄及主脉常带红紫色，疏被蛛丝状白色柔毛或几无毛。

花茎 1 至数个，与叶等长或稍长，高 10~25 厘米，上部紫红色，密被蛛丝状白色长柔毛；头状花序，直径 30~40 毫米；总苞钟状，长 12~14 毫米，淡绿色；总苞片 2~3 层，外层总苞片卵状披针形或披针形，长 8~10 毫米，宽 1~2 毫米，边缘宽膜质，基部淡绿色，上部紫红色，先端增厚或具小到中等的角状突起；内层总苞片线状披针形，长 10~16 毫米，宽 2~3 毫米，先端紫红色，具小角状突起；舌状花黄色，舌片长约 8 毫米，宽约 1.5 毫米，边缘花舌片背面具紫红色条纹。 花药和柱头暗绿色。

瘦果倒卵状披针形，暗褐色，长 4~5 毫米，宽 1~1.5 毫米，上部具小刺，下部具成行排列的小瘤，顶端逐渐收缩为长约 1 毫米的圆锥至圆柱形喙基，喙长 6~10 毫米，纤细；冠毛白色，长约 6 毫米，白色冠毛结成白色绒球，随风飘落传播。 花期 4~9 月，果期 5~10 月。

防治方法 幼嫩时人工拔除，生吃、炒食、做汤；全草拔除入药；园地及时中耕；采用唑草酮、双氟磺草胺、恶草灵、2 甲 4 氯钠、双苯酰草胺等除草剂进行防治。

40 稻槎菜 （图3-40-1至图3-40-3）

菊科稻槎菜属，一年生或二年生细弱草本植物。 又名鹅里腌、回荠。 分布于黄淮和长江流域。 可以食用和作为中草药利用。

形态识别 种子繁殖和根茎繁殖。 茎高5~30厘米。 基生叶丛生，有柄；叶片长4~18厘米，宽1~3厘米，先端圆钝或短尖，顶端裂片较大，卵圆形，边缘羽状分裂，两侧裂片3~4对，短椭圆形；茎生叶1~2对，有短柄或近无柄。

头状花序成稀疏的伞房状圆锥花丛，有细梗，果时常下垂；总苞圆柱状钟形，外层总苞片小，卵状披针形，长约1毫米，内层总苞片5~6片，长椭圆状披针形，长约4.5毫米；花托平坦，无毛；全部为舌状花，黄色。 瘦果椭圆状披针形，扁平，长4~5毫米，等于或长于总苞片，成熟后黄棕色，无毛，背腹面各有5~7肋，先端两侧各有1钩刺，无冠毛。 花果期4~5月。

生于田野、果园、荒地、溪边、路旁等处。

防治方法 嫩芽叶可食，幼苗时人工拔除食用；园地及时中耕清除；全草有可入药的特性，有目的地挖除利用；采用唑草酮、双氟磺草胺、2甲4氯钠等除草剂进行防治。

第4章

果园害虫主要天敌
保护与识别利用

01 食虫瓢虫（图4-1-1至图4-1-8）

属鞘翅目瓢虫科。瓢虫的种类多达4000种，其中80%以上是肉食性的。常见的有七星瓢虫、四斑月瓢虫、二星瓢虫、小红瓢虫、大红瓢虫、异色瓢虫、黑背小毛瓢虫、澳洲瓢虫、深点食螨瓢虫、黑襟毛瓢虫、龟纹瓢虫、孟氏隐唇瓢虫等，均为天敌昆虫。全国各产区均有分布。我国利用瓢虫防治果树害虫已达数十种。

防治对象　以成虫、幼虫捕食叶螨、蚜虫、介壳虫、粉虱、木虱、叶蝉等小体型昆虫及鳞翅目低龄幼虫和卵。

生活习性　捕食性瓢虫其食量很大，如异色瓢虫的1龄幼虫每天捕食蚜虫数量为10~30头，4龄幼虫为每天100~200头，成虫食量更大。而深点食螨瓢虫能捕食果树、蔬菜、花卉及林木等多种螨类的成虫、若虫和卵，它的成虫和幼虫发生时期长，世代重叠，食量大，对果树上的螨类有较好的控制作用。

利用方法

利用七星瓢虫等防治果树蚜虫　食蚜瓢虫除七星瓢虫外，还有四斑月瓢虫、二星瓢虫、异色瓢虫、龟纹瓢虫、六斑月瓢虫等。于4~5月间把麦田的上述瓢虫引移到果园，每亩移入千头以上，可有效地防治果树蚜虫。也可在早春利用田间的蚜虫饲养繁殖瓢虫，然后散放到果园中控制果树蚜虫效果好。

用澳洲瓢虫、大红瓢虫、小红瓢虫防治果树害虫吹绵蚧　4~6月移殖散放到果园中心枝叶茂密、吹绵蚧多的果树上，每500株受害树，散放200头成虫，散放后2个月可消灭吹绵蚧。

利用食螨瓢虫防治果树害螨　常用的有深点食螨瓢虫、广东食螨瓢虫、拟小食螨瓢虫、腹管食螨瓢虫。生产上华北地区用深点食螨瓢虫防治苹果叶螨效果很好。后3种分布东南地，在4、5月和9、10月将食螨瓢虫散放在果树枝条上，于每亩果园中央10株放200~400头，可控制山楂叶螨等。

02 草蛉（图4-2-1至图4-2-4）

属脉翅目草蛉科。幼虫又称蚜狮。草蛉种类多，分布广，食性杂。已知有86属1350多种，中国有15属百余种，常见的有中华草蛉、大草蛉、丽草蛉、叶色草蛉、晋草蛉等，分布在长江流域及北方各地。普通草蛉分布在新疆、黄淮、台湾等地。

防治对象　草蛉是捕食性天敌昆虫。成虫、幼虫捕食螨类、蚜虫类、白粉虱、叶蝉、介壳虫、蓟马等多种小体型害虫以及蝶蛾类和叶甲类的卵和幼虫。

生活习性 草蛉食量大,行动迅速,捕食能力强。草蛉在华北地区1年发生3~5代。其成虫产卵量大,少者300~400粒,多者达1000粒以上。草蛉发育一代需22~43天。1头大草蛉幼虫一生可捕食各类蚜虫600头以上;1头中华草蛉1~3龄幼虫平均日最多可分别捕食若螨400~700头,同时还可捕食其他害虫的卵和幼虫。中华草蛉控制害虫作用非常明显。

利用方法 晋草蛉嗜食螨类,可用于防治山楂叶螨、卵形短须螨。大草蛉嗜食蚜虫,用于防治果树上的蚜虫。利用方法是在上述螨类、蚜虫初发时投放即将孵化的灰色蛉卵,也可把蛉卵放入1%琼脂液中,用喷雾法施放。

草蛉的饲养:将新羽化的成虫集中大笼饲养,喂饲清水和啤酒酵母干粉加食糖混合(10:8)的人工饲料,进入产卵前期转入产卵笼饲喂。每笼养雌草蛉50~75头,搭配少量雄虫,笼内壁围衬卵箔纸,24小时可获草蛉卵700~1000粒,每天更换卵箔纸1次,添加清水和饲料。把卵箔装进塑料袋封口置于8~12℃条件下,存放30天,卵仍可孵化。

03 寄生蜂、蝇类(图4-3-1至图4-3-8)

寄生蜂,属膜翅目,分属姬蜂科、小蜂科等。种类多,分布广。我国应用较多的有赤眼蜂、蚜茧蜂、甲腹茧蜂、上海青蜂、跳小蜂和姬小蜂、姬蜂和茧蜂等。

寄生蝇,属双翅目寄蝇科。是果园害虫幼虫和蛹的主要天敌,防治对象与寄生蜂类基本相同。与苍蝇的主要区别是身上有很多刚毛,种类很多。果树上常见的有卷叶蛾赛寄蝇、伞裙追寄蝇等,寄主为桃小食心虫、大袋蛾、棉铃虫、小地老虎等。

防治对象 以雌成虫产卵于鳞翅目害虫,如桃蛀螟、果剑纹夜蛾、刺蛾、桃小食心虫、卷叶蛾及蚜虫等寄主体内或体外,以幼虫取食寄主的体液摄取营养,至寄主死亡。

生活习性 不同的寄生蜂对寄主的寄生方式不同,可以分别寄生卵、幼虫、蛹和成虫、若虫。

赤眼蜂 是一种寄生在害虫卵内的寄生蜂,我国应用较多的有松毛虫赤眼蜂、拟澳洲赤眼蜂、舟蛾赤眼蜂及稻螟赤眼蜂等。该类蜂体型很小,眼睛鲜红色,故名赤眼蜂。它能寄生400余种昆虫卵,尤其喜欢寄生鳞翅目昆虫卵,如果树上的刺蛾等,是果园害虫的重要天敌。果树上常见的松毛虫赤眼蜂,在自然条件下,华北地区1年发生10~14代,每头雌蜂可繁殖子代40~176头。利用松毛虫赤眼蜂防治果园梨小食心虫,每亩放蜂量8万~10万头,梨小食心虫卵寄生率为90%,虫害明显降低,其效果明显好于化学防治。

蚜茧蜂 是一种寄生在蚜虫体内的重要天敌。蚜茧蜂在4~10月均有成虫发生,每头雌蜂产卵量数粒至数百粒,尤其喜欢寄生2~3龄的若蚜,以6~9月寄生率较高，有时寄生率高达80%~90%，对蚜虫种群有重要的抑制作用。

甲腹茧蜂　果园常见的是桃小甲腹茧蜂，1年发生2代，寄主为桃小食心虫，以幼虫在桃小食心虫越冬幼虫体内越冬，世代发生与寄主同步。寄生率可达25%~50%。

跳小蜂和姬小蜂　旋纹潜叶蛾的主要天敌，均在寄主蛹内越冬。1年发生4~5代，越冬代成虫5月份将卵产于寄主幼虫体内，寄生率可达40%以上。

姬蜂和茧蜂　可寄生多种害虫的幼虫和蛹。果树上主要有桃小食心虫白茧蜂和花斑马尾姬蜂。白茧蜂1年发生4~5代，产卵于寄主卵内，随寄主卵孵化而取食发育，直至将寄主幼虫致死。马尾姬蜂1年发生2代，以幼虫在寄主幼虫体内越冬，翌春待寄主化蛹后将其食尽，并在寄主蛹壳内化蛹。

利用方法　以赤眼蜂为例。用蓖麻蚕、柞蚕及松毛虫的卵，繁殖松毛虫赤眼蜂和拟澳洲赤眼蜂，这两种赤眼蜂在蓖麻蚕卵内，25℃发育历期10~12天，每年可繁殖30~50代。繁殖时可从田间采集被赤眼蜂寄生的卵，羽化后进行鉴定再饲养。用于寄生的蓖麻蚕卵先洗掉表面胶质，用白纸涂薄胶后，把蚕卵均匀黏上制成卵箔或称卵卡。繁蜂时把卵箔置于繁蜂箱透光一面，当种蜂羽化30%~40%时接蜂。成蜂趋光并趋向蚕卵寄生。种蜂和蓖麻蚕卵的比为2：1或1：1，适温25~28℃，相对湿度85%~90%为宜。田间放蜂、繁蜂及防治对象的卵期应掌握恰当才能有效。制好的蜂卡要在蜂发育到幼虫期或预蛹期时，置于10℃以下冷藏保存，50~90天内羽化率不低于70%。放蜂时把即将羽化的预制蜂卡，按布局分放在田间，使其自然羽化，也可先在室内使蜂羽化、再饲以糖蜜，然后到田间均匀释放。防治发生代数较多或产卵期较长的害虫时，应在害虫产卵期内多放几次蜂。

④ 捕食螨（图4-4-1）

属蛛形纲，分属不同的科。俗称红蜘蛛、黄蜘蛛等。是以捕食害螨为主的有益螨类的统称。我国有利用价值的捕食螨种类有智利小植绥螨、东方植绥螨、尼氏钝绥螨、穗氏钝螨、东方钝绥螨、拟长毛钝绥螨、西方盲走螨等。

防治对象　以成虫、若虫捕食害螨和蚜虫、介壳虫、叶蝉等小体型害虫和卵。

生活习性　在捕食螨中以植绥螨最为理想，它捕食凶猛，具有发育周期短、捕食范围广、捕食量大等特点，1头雌螨能消灭5头害螨在半月内繁殖的群体，同时还捕食一些蚜虫、介壳虫等小体型害虫。植绥螨发生代数因种类而异，一般1年发生8~12代，以雌成虫在枝干树皮裂缝或翘皮下越冬。幼螨孵化后随即取食，成螨、若螨均可捕食害螨的各虫态。

利用方法　我国对几种植绥螨的饲养繁殖，多采用隔水法：即在瓷盆内垫泡沫塑料，上盖一层薄膜，饲料和植绥螨放在薄膜上，盘中加浅水隔离，防止植绥螨逃逸。饲料以喜食的害螨为主，也可用20%~50%的蜂蜜水、鲜花粉或干燥2年的柑橘花粉为食料。适时在果园中释放植绥螨。果园内种植益螨栖息植物豆类等，增加其栖息场所和食料来源；合理灌溉，提高果园相对湿度；加强测报，必要时进行挑治，以利益螨繁殖，使益螨种群数量增加，维持益、害螨之间的数量平衡，把害螨控制在经济阈值允许的范围之内。

05 蜘蛛（图4-5-1至图4-5-8）

属蜘蛛纲蛛形目。种类多，种群的数量大，分属不同的科。我国有3000多种，现已定名1500余种，其中80%生活在果园中，是害虫的主要天敌。如三突花蛛、草间小黑蛛、八斑球腹蛛、拟水狼蛛等。

防治对象 为肉食性动物。捕食同翅目、鳞翅目、直翅目、半翅目、鞘翅目等多种害虫，如蚜虫、花弄蝶、毛虫类、椿象、叶蝉、飞虱、卷叶蛾等害虫的成虫、幼虫和卵。

生活习性 蜘蛛寿命较长，小体型半年以上，大体型可达多年；两性生殖，雄蛛体小，出现时间短，通常采到的多为雌蛛；抗逆性强，耐高温、低温和饥饿；为肉食性动物，性情凶猛，行动敏捷，专食活体，在它的视力范围或丝网附近的猎物很少能够逃脱；分结网和不结网两类，前者在地面土壤间隙做穴结网或在树冠上、草丛中结网，捕食落入网中的害虫，后者游猎捕食地面和地下害虫，也可从树上、草丛、水面或墙壁等处猎食，无固定的栖息场所。捕食时先用螯肢刺入活虫体内，注入毒液使之麻痹，然后取食。

利用方法 ①创造适于蜘蛛生存的环境条件，特别注意不要人为破坏蜘蛛结的丝网；收集田边、沟边杂草等处的蜘蛛，助其迁入果园。②人工繁殖。人工繁殖母蛛越冬，待其产卵孵化后，分批释放至果园，增加果园有益蛛量。或于2~3月间收集越冬卵囊，冷藏在0℃左右的低温下，经40天对孵化无影响，待果树发芽后放入果园。③防治害虫时选择高效低毒农药，不准用剧毒农药，以免伤及害虫天敌。

06 食蚜蝇（图4-6-1至图4-6-4）

属双翅目食蚜蝇科。种类多，分布广。主要有黑带食蚜蝇、斜斑额食蚜蝇等。

防治对象 捕食果树蚜虫、叶蝉、介壳虫、飞虱、蓟马、叶螨等小体型害虫和蝶蛾类害虫的卵和初龄幼虫。

生活习性 成虫颇似蜜蜂，但腹部背面大多有黄色横带，喜取食花粉和花蜜。卵单产，白色，大多产于蚜虫群中或其周围。黑带食蚜蝇是果园中较常见的一种，幼虫蛆形，头尖尾钝，体壁上有纵向条纹，碰到蚜虫就用口器咬住不放，举在空中吸，把体液吸干后丢弃在一旁，又继续捕食；幼虫孵化后即可捕食蚜虫，每只幼虫一生可捕食数百头至数千头蚜虫；在华北地区1年发生4~5代，卵期3~4天，幼虫期9~11天，蛹期7~9天，多以末龄幼虫或蛹在植物根际土中越冬，翌春4月上旬成虫出现，4月下旬在果树及其他植物上活动取食，5~6月份各虫态发生数量较多，7~8月份蚜虫等食料缺乏时，幼虫在叶背或卷叶中化蛹越夏，秋季又继续取食或转移至果园附近农田或林木上产卵，孵化后继续取食蚜虫，秋后入土化蛹。

利用方法　①种植蜜源植物，招引和诱集食蚜蝇繁衍。②人工繁殖和释放。③提倡使用低毒高效低残留农药，禁用剧毒农药，保护天敌。

07　食虫椿象（图4-7-1至图4-7-3）

属半翅目蝽总科。果园害虫天敌的一大类群，其种类很多。主要有茶色广喙蝽、东亚小花蝽、小黑花蝽、黑顶黄花蝽、光肩猎蝽、白带猎蝽、褐猎蝽等。

防治对象　以成虫、若虫捕食蚜虫、叶螨、介类、叶蝉、蓟马、椿象以及鳞翅目、鞘翅目害虫的卵及低龄幼虫。

生活习性　食虫椿象与有害椿象的区别：有害椿象有臭味，其喙由头顶下方紧贴头下，直接向体后伸出，不呈钩状。而食虫椿象大多无臭味，喙坚硬如锥，基部向前延伸，弯曲或呈钩状，不紧贴头下。在北方果区多数食虫椿象1年发生4代，发生期4~10月，若虫孵化后即可以取食，专门吸食害虫的卵汁或幼虫、若虫体液。捕食能力很强，1头小黑花蝽成虫日平均捕食各种虫态叶螨20头，卵20粒，蚜虫27头。以雌成虫在果树枝、干的翘皮下越冬，翌年4月开始活动取食。

利用方法　①创造适于天敌活动的环境条件，招引和诱集。②人工繁殖和释放。③果园用药要选用对天敌杀伤力小的农药，保护天敌。

08　螳螂（图4-8-1至图4-8-3）

属螳螂目螳螂科。俗称砍刀。种类多，分布广，我国有50多种，常见的有广腹螳螂、大刀螳螂、薄翅螳螂、中华螳螂等。

防治对象　捕食蚜虫类、蛾蝶类、甲虫类、椿象类等60多种果园害虫，食性很杂。

生活习性　北方果区1年发生1代，以卵在树枝上越冬。每年5月下旬至6月下旬孵化为若虫，8月羽化为成虫，成虫交尾后，雌成虫即将雄成虫吃掉，9月后产卵越冬。自春至秋田间均有发生，成、若虫期100~150天，其间均可捕食害虫。若虫具有跳跃捕食习性，1~3龄若虫喜食蚜虫，特别是有翅蚜，3龄以后嗜食体壁较软的鳞翅目害虫，成虫则可捕食各类虫态的害虫。螳螂食量大，1只螳螂一生可捕食害虫2000多头。其捕食有两大特点，一是只捕食活的猎物；二是即使吃饱了，见到猎物不吃也要杀死，即螳螂特有的杀死性。

利用方法　①人工繁殖和释放。螳螂产卵后，采集产有螳螂卵的枝条，放在室内保护越冬，第二年待初孵若虫出现时，释放到果园，每亩释放200~300头。②注意化学药剂的品种选择、喷药量和喷药时期，尽量避免在杀死害虫的同时也杀死螳螂。

09　白僵菌（图4-9-1至图4-9-2）

虫生真菌，属半知菌类，是昆虫的主要病原真菌。

防治对象　可防治鳞翅目、鞘翅目、半翅目、同翅目、直翅目、膜翅目等200多种害虫的幼虫。如危害果树的桃小食心虫、桃蛀螟、刺蛾类、夜蛾类、梨虎象、柑橘卷叶蛾、拟小黄卷蛾、褐带长卷蛾、后黄卷叶蛾、荔枝蝽等。

作用机理　白僵菌菌剂一般为白色至灰白色粉状物，是白僵菌的分生孢子，国产白僵菌粉剂，每克含活孢子50亿~80亿个。菌剂喷洒到害虫体上后，菌丝穿透幼虫体壁，在体内大量繁殖，经2~3天致害虫死亡。死虫体壁坚硬，体表长满白色菌丝及孢子，称为白僵虫。虫体上的孢子随风扩散，遇到其他害虫又可传染，使害虫致病死亡。白僵菌寄主专一性强（对桃小食心虫的自然寄生率可达20%~60%），持效性强，可保护天敌，致死害虫速度虽不及化学农药效果明显，但对环境不会造成污染。

利用方法　①用于防治桃小食心虫和蛴螬。在果园桃小越冬幼虫出土和脱果初期，以及蛴螬活动盛期，树下地面喷洒白僵菌粉每平方米8克，与25%辛硫磷微胶囊剂每平方米0.3毫升混合液，防效明显。②用白僵菌高效菌株B-66处理地面，可使桃小食心虫出土幼虫大量感病死亡，幼虫僵死率达85.6%，并显著降低蛾、卵数量。③防治蚜虫。在蚜虫发生严重时，喷洒白僵菌制剂，感染该菌的蚜虫死后表面呈白色，症状明显。

注意　利用白僵菌制剂防治害虫，菌液要随配随用，配好的菌液应在2小时内喷完，以免孢子过早萌发，失去致病力；田间湿度大、菌剂与虫体接触，防治效果才好。

10　苏云金杆菌

属细菌。又叫Bt，亦称"424"。另外，杀螟杆菌、青虫菌、松毛虫杆菌、

"7216"等都属于苏云金杆菌类。利用其制成的杀虫剂称为细菌杀虫剂。

防治对象 能杀死农林、果树等多种害虫，尤其对鳞翅目幼虫如刺蛾类、卷叶蛾类、桃蛀螟、桃小食心虫、枣尺蠖等防治效果好。且对草蛉、瓢虫等捕食性天敌无害。

作用机理 是目前世界上产量最大的微生物杀虫剂。已有100多种商品制剂。其制剂因采用的原料和方法不同，呈浅黄色、黄褐色或黑色粉末，每克含活孢子100亿~300亿个。可以喷雾、喷粉、泼浇或制成毒土和颗粒剂。杀虫细菌是一种好气性细菌，芽孢对高温忍耐力较强，制剂不受潮湿、保存适当可数年不丧失毒力。其杀虫机理是害虫食菌后破坏害虫的肠道，影响取食，致害虫死亡。杀虫效果对老熟幼虫比幼龄害虫好。

利用方法 ①喷雾防治桃蛀螟、刺蛾和卷叶蛾类。选择有露水的早晨或空气湿度较大的傍晚，用每克含活孢子数为100亿的菌粉300~500倍液喷雾，使用时加0.1%的洗衣粉或豆面作黏着剂，提高防治效果。②菌粉应放在干燥阴凉处保存，避免水湿、暴晒，对家蚕有毒，严禁在桑园使用。因杀虫速度比化学农药慢，施药期应稍加提前。

11 核多角体病毒

感染昆虫的病毒有三大类，即多角体病毒（NPV）、颗粒病毒和无包涵病毒，利用最多的是多角体病毒。

防治对象 感染近200种昆虫发病，主要是鳞翅目昆虫幼虫，如大袋蛾等。

利用方法 饲养健康的幼虫至3龄末时，用带病毒的饲料喂食使其感染，3天后幼虫开始死亡。将死虫收集在棕色瓶里，即制成药剂，贮存备用。防治大袋蛾时，可在卵盛期喷布。每亩用30~50头死虫研碎，用二层纱布过滤后再用少量清水冲洗加至所需水量，每亩所用病毒制剂内加30克充分研碎的活性炭保护剂提高防效。每代需喷2~3次，相隔5~7天。防治2次的防效达84%以上，高于其他化学农药，且可以保护天敌。

12 食虫鸟类（图4-12-1至图4-12-5）

我国以昆虫为主要食料的鸟类约有600种。常见的有大山雀、燕子、大杜鹃、大斑啄木鸟、灰喜鹊、喜鹊、戴胜、黄鹂、柳莺等。

防治对象 可啄食多种农、林、果害虫，主要有叶蝉、叶蜂、蚜虫、木虱、椿象、金龟甲、蝶蛾类幼虫等，果园内所有害虫都可能被取食，对害虫的控制作用非常大。虽然鸟类也啄食成熟的果实，使果实失去食用价值，但利大于弊。

生活习性

大山雀　山区、平原均有分布，地方性留鸟，喜在果园及灌木丛中活动，善跳跃和飞翔。多在树洞、墙洞中筑巢，产卵3~5枚。食量很大，1头大山雀一天捕食害虫的数量相当于自身体重，在大山雀的食物中，农林害虫数量约占80%。

大杜鹃　夏候鸟或旅鸟，和鸽子大小相近，喜栖息在开阔的林地，以取食大型害虫为主，特别喜食一般鸟类不敢啄食的毛虫，如刺蛾等害虫的幼虫，1头成年杜鹃一天可捕食300多头大型害虫。

大斑啄木鸟　身体上黑下白，尾下呈红色。在树上活动时，一面攀登，一面以嘴快速叩树，叩树之声不绝于耳，若树上有虫，则快速啄破树皮，用舌钩出害虫吞食，主要捕食鞘翅目害虫、椿象、天牛蛀干幼虫等。食量很大，每天可取食1000~1400头害虫幼虫。

灰喜鹊　留鸟。全体灰色，灵活敏捷，善飞翔，喜在密集的果园和森林中群居和筑巢。喜食金龟子、刺蛾、蓑蛾等30余种害虫，1只灰喜鹊全年可吃掉1.5万头害虫。

保护利用　①禁止人为破坏鸟巢，禁止捕猎、毒害鸟类。②招引鸟类。冬季在果园为食虫益鸟给饵、在干旱地区给水、在果园栽植益鸟食饵植物、在果园内设置人工鸟巢箱等，为益鸟的栖息和繁殖创造条件。③避免频繁使用广谱性杀虫剂，以免误伤鸟类。④人工饲养和驯化当地鸟类，必要时可操纵其治虫。

(13) 蟾蜍（癞蛤蟆）、青蛙（图4-13-1，图4-13-2）

蟾蜍是无尾目蟾蜍科动物的总称，全国各地均有分布，有300多种。青蛙是无尾目蛙科动物的总称，有650余种。蛙和蟾蜍的区别：皮肤比较光滑、身体比较苗条、善于跳跃、会游泳的称为蛙；而皮肤比较粗糙、身体比较臃肿、不善跳跃、不会游泳的称为蟾蜍。

防治对象　主要捕食蚱蜢、蝶蛾类幼虫、象鼻虫、蝼蛄、金龟甲、蚜虫等多种害虫。

生活习性　蛙和蟾蜍冬季多潜伏在水底淤泥里或烂草里，也有的在陆上泥土里越冬。从春末至秋末，白天栖息于石块下、草丛、土洞或池塘、水沟、小河内。黄昏和夜间捕食，有的昼夜均可取食，但以夜间的为多，尤其喜雨后捕食各种害虫，捕食量大，一头青蛙日捕食70多头害虫，对控制果园害虫效果明显。

利用方法　①禁止捕食青蛙和捕捞蝌蚪。②合理使用农药，禁止使用高毒、高残留农药，保护蛙类。③有目的地饲养。当田埂边或将要断水的沟渠中有蛙卵和蝌蚪时，及时捞取，放入有水沟渠中，使蛙卵正常孵化和蝌蚪正常生长。

第 **5** 章

果园病虫草无公害
综合防治

无公害果品生产使用的农药药剂，必须是经国家正式登记的产品，不能使用有致癌、致畸、致突变的危险的或有嫌疑的药剂。

（一）允许使用的部分农药品种及使用要求

在果园无公害果品生产中，要根据防治对象的生物学特性和危害特点合理选择允许使用的药剂品种。主要种类有：

1. 植物源杀虫、杀菌素

包括除虫菊素、鱼藤酮、烟碱、苦参碱、植物油、印楝素、苦楝素、川楝素、茼蒿素、松脂合剂、芝麻素等。

2. 矿物源杀虫、杀菌剂

包括石硫合剂、波尔多液、机油乳剂、柴油乳剂、石悬剂、硫黄粉、草木灰、腐必清等。

3. 微生物源杀虫、杀菌剂

如 Bt 乳剂、白僵菌、阿维菌素、中生菌素、多氧霉素和农抗120等。

4. 昆虫生长调节剂

如灭幼脲、除虫脲、卡死克、性诱剂等。

5. 低毒低残留化学农药

（1）主要杀菌剂有5%菌毒清水剂、80%喷克可湿性粉剂、80%大生 M-45可湿性粉剂、70%甲基硫菌灵可湿性粉剂、50%多菌灵可湿性粉剂、40%氟硅唑乳油、1%中生菌素水剂、70%代森锰锌可湿性粉剂、70%乙膦铝锰锌可湿性粉剂、834康复剂、15%三唑酮乳油、75%百菌清可湿性粉剂、50%异菌脲可湿性粉剂等。

（2）主要杀虫杀螨剂有1%阿维菌素乳油、10%吡虫啉可湿性粉剂、25%灭幼脲3号悬浮剂、50%辛脲乳油、50%蛾螨灵乳油、20%杀铃脲悬浮剂、50%马拉硫磷乳油、50%辛硫磷乳油、5%尼索朗乳油、20%螨死净悬浮剂、15%哒螨灵乳油、40%蚜灭多乳油、99.1%加德士敌死虫乳油、5%卡死克乳油、25%噻嗪酮可湿性粉剂、25%抑太保乳油等。

允许使用的化学合成农药每种每年最多使用2次，最后一次施药距安全采收间隔期应在20天以上。

（二）限制使用的部分农药品种及使用要求

限制使用的化学合成农药品种主要有48%哒嗪硫磷乳油、50%抗蚜威可湿性粉剂、25%辟蚜雾水分散粒剂、2.5%三氟氯氰菊酯乳油、20%甲氰菊酯乳油、30%桃小灵乳油、80%敌敌畏乳油、50%杀螟硫磷乳油、10%歼灭乳油、2.5%

溴氰菊酯乳油、20%氰戊菊酯乳油、40%乐果乳油等。

无公害果品生产中限制使用的农药品种，每年最多使用1次，施药距安全采收间隔期应在30天以上。

（三）禁止使用的农药

在无公害果品生产中，禁止使用剧毒、高毒、高残留、致癌、致畸、致突变和具有慢性毒性的农药，主要包括：

有机磷类杀虫剂：甲拌磷、乙拌磷、久效磷、对硫磷、甲基对硫磷、甲胺磷、甲基异柳磷、特丁硫磷、甲基硫环磷、治螟磷、内吸磷、氧化乐果、磷胺、灭线磷、硫环磷、蝇毒磷、地虫硫磷、氯唑磷、苯线磷、水胺硫磷。

氨基甲酸酯类杀虫剂：克百威、涕灭威、灭多威。

二甲基甲脒类杀虫剂：杀虫脒。

取代苯类杀虫剂：五氯硝基苯、五氯苯甲醇。

有机氯杀虫剂：滴滴涕、六六六、毒杀芬、二溴氯丙烷、林丹。

有机氯杀螨剂：三氯杀螨醇、克螨特。

砷类杀虫、杀菌剂：福美胂、甲基砷酸锌、甲基砷酸铁铵、福美甲、砷酸钙、砷酸铅。

氟制类杀菌剂：氟化钠、氟化钙、氟乙酰胺、氟铝酸钠、氟硅酸钠、氟乙酸钠。

有机锡杀菌剂：三苯基醋酸锡、三苯基氯化锡。

有机汞杀菌剂：氯化乙基汞（西力生）、醋酸苯汞（赛力散）。

二苯醚类除草剂：除草醚、草枯醚。

以及国家规定无公害果品生产禁止使用的其他农药。

（四）无公害果品生产中允许和禁止使用的天然植物生长调节剂及使用要求

允许使用的植物生长调节剂及使用要求：如赤霉素类、细胞分裂素类（如苄基腺嘌呤[BA]、玉米素等），要求每年最多使用一次，施药距安全采收期间隔应在20天以上。也可使用能够延缓生长、促进成花、改善树体结构、提高果实品质及产量的其他生长调节物质，如乙烯利、矮壮素等。

禁止使用污染环境及危害人体健康的植物生长调节剂。如比久（B9）、萘乙酸、2,4-二氯苯氧乙酸（2,4-滴）等。

（五）科学合理使用农药

1. 对症施药

根据田间的病虫害种类和发生情况选择农药，防治病虫害以保护性杀菌剂为基础。

2. 适时施药

根据预测预报和病虫害的发生规律，确定使用药剂的最佳时期。

3. 使用农药要喷布均匀周到

选择合适的药械和使用方法，保证使用的农药准确、均匀、到位。

4. 严格按照农药的使用剂量使用农药

同一种类的允许使用的药剂、一个生长周期：一般保护性杀菌剂可以使用3~5次；具有内吸性和渗透作用的农药可以使用1~2次，最好只使用1次；杀虫剂可以使用1~2次，最好使用1次。

5. 严格按农药的安全间隔期使用农药

允许使用的农药品种，禁止在采收前20天内使用。限制使用的农药禁止在采收前30天内使用。如果出现特殊情况，需要在采收前安全间隔期内使用农药，必须在植物保护专家指导下采取措施，确保食品安全。

6. 严格对使用农药的安全管理

每一个生产者，必须对果园中使用农药的时间、农药名称、使用剂量等进行严格、准确的记录。

7. 严禁使用未经国家有关部门核准登记的农药化合物

8. 其他情况按国家标准《农药合理使用准则》GB/T8321（所有部分）规定执行

02 病虫害无害化综合防治

（一）病虫害防治的基本原则

病虫无公害防治的基本原则是综合利用农业的、生物的、物理的防治措施，创造不利于病虫害发生而有利于各类自然天敌繁衍的生态环境，通过生态技术控制病虫害的发生。优先采用农业防治措施，本着"防重于治""农业防治为主、化学防治为辅"的无公害防治原则，选择合适的可抑制病虫害发生的耕作栽培技术，平衡施肥、深翻晒土、清洁果园等一系列措施控制病虫害的发生。尽量利用灯光、色彩、性诱剂等诱杀害虫，采用机械和人工以及热消毒、隔离、色素引诱等物理措施防治病虫害。病虫害一旦发生，需采用化学方法进行防治时，注意严禁使用国家明令禁止使用的农药、果树上不得使用的农药，并尽量选择低毒低残留、植物源、生物源、矿物源农药。

（二）病虫害防治的基本措施

1. 农业防治

农业防治是根据农业生态环境与病虫发生的关系，通过改善和改变生态环境，调整品种布局，充分应用品种抗病、抗虫性以及一系列的栽培管理技术，有目的地改变果园生态系统中的某些因素，使之不利于病虫害的流行和发生，达到控制病虫危害，减轻灾害程度，获得优质、安全的果品的目的。农业防治方法是果园生产管理中的重要部分，不受环境、条件、技术的限制，虽不如化学防治那样能够直接、迅速地杀死病虫，却可以长期控制病虫害的发生，大幅度减少化学药剂的使用量，有利于果园长期的可持续发展。

（1）植物检疫。植物检疫是贯彻"预防为主、综合防治"的重要措施之一，即凡是从外地引进或调出的苗木、种子、接穗、果品等，都应进行严格检疫，防止危险性病虫害的扩散。

（2）清理果园，减少病源。果园中多数病虫在病枝或残留在园中的病叶、病果上越冬、越夏，及时清理果园，可以破坏病虫越冬的潜藏场所和条件，有效地减少病害侵染源，降低害虫发生基数，可以很好地预防病害的流行和虫害的发生。秋季或早春清扫枯枝落叶，集中高温堆沤，可消灭其中越冬病菌和害虫。结合修剪，剪除病虫枝条、病芽，摘除病虫果、叶，剪除病虫枝条可以有效地防治天牛类、刺蛾类、食心虫、介壳虫等。对于病虫株残体和落在地面上的病虫果，应及时清除并高温堆沤或深埋，可以大大减少病虫的传播与危害。此外，及时清除田间杂草，不但减少杂草种子在果园的残留，亦可以大大减少害虫寄生的机会。

（3）合理整形修剪，改善果园通风透光条件。果园在密闭条件下病虫害发生严重，过于茂盛的枝叶常成为小型昆虫繁衍的有利场所。合理整形修剪，使树体枝组分布均匀，改善了树冠内通风透光条件，可以有效地控制病虫害的发生。

（4）科学施肥，合理灌溉。加强肥、水管理对提高树体抵抗病虫害能力有明显的效果，特别是对具有潜伏侵染特点的病害和具有刺吸口器害虫的抵抗作用尤其明显。施肥种类及用量与病虫害发生有密切关系，不要过量施用氮肥，避免引起枝叶徒长，树冠内郁闭，而诱发病虫发生。厩肥堆积过多，常成为蝇、蚊、蛴螬等土栖昆虫的栖息繁殖场所。因此，提倡配方施肥、平衡施肥、多施充分腐熟的有机肥、增施磷钾肥，以提高植株抗病性，增强土壤通透性，改善土壤微生物群落，提高有益微生物的生存数量，并保证根系发育健壮。此外，减少氮肥，增施磷钾肥，能增强树体对病害侵染的抵抗力。

果园湿度过大，易导致真菌类病害疫情的发生，湿度越大病害越重。而果树生长中后期灌水过多，易使果树贪青徒长，枝条发育不充实，冬季抵抗冻害的能力差。因此，果园浇水应尽量避免大水漫灌，以免造成园内湿度过大，诱发病害发生，宜尽量采用滴灌等节水措施。利用滴灌技术、覆盖地膜技术可以有效地控制园内空气湿度，防止病害的发生。遇大雨后应及时排水，避免影响果树生长和降低抵抗病虫害能力。

（5）刮树皮，刮涂伤口，树干涂白。危害果树的多种害虫的卵、蛹、幼虫、成虫，以及多种病菌孢子隐居在树体的粗翘皮裂缝里休眠越冬，而病虫越冬基数与来年危害程度密切相关，应刮除枝、干上的粗皮、翘皮和病疤，铲除腐烂病、干腐病等枝干病害的菌源，同时还可以促进老树更新生长。刮皮一般以入冬时节或第二年早春2月间进行，不宜过早或过晚，以防止树体遭受冻害以及失去除虫治病的作用。幼龄树要轻刮，老龄树可重刮。操作动作要轻，防止刮伤嫩皮及木质部，影响树势。一般以彻底刮去粗皮、翘皮，不伤及白颜色的活皮为限。刮皮后，皮层集中烧毁或深埋，然后用石灰水涂白剂，在主干和大枝伤口处进行涂白，既可以杀死潜藏在树皮下的病虫，还可以保护树体不受冻害。石灰涂白剂的配制材料和比例：生石灰10千克，食盐150~200克，面粉400~500克，加清水40~50千克，充分溶化搅拌后刷在树干伤口处，以不流淌、不起疙瘩为度。由虫伤或机械伤引起的伤口，是最容易感染病菌和害虫喜欢栖息的地方，应将腐皮朽木刮除，用刀削平伤口后，涂上5波美度石硫合剂或波尔多液消毒，促进伤口早日愈合。

（6）刨树盘。刨树盘是果树管理的一项常用措施，该措施既可起到疏松土壤、促进果树根系生长作用，还可将地表的枯枝落叶翻于地下，把土中越冬的害虫翻于地表。

（7）树干绑缚草绳，诱杀多种害虫。不少害虫喜在主干翘皮、草丛、落叶中越冬，利用这一习性，于果实采收后在主干分枝以下绑缚3~5圈松散的草绳，诱集消灭害虫。草绳可用稻草或谷草、棉秆皮拧成，绑缚要松散，以利于害虫潜入。

（8）人工捕虫。许多害虫有群集和假死的习性，如多种金龟子有假死性和群集危害的特点，可以利用害虫的这些习性进行人工捕捉。再如黑蝉若虫可食，在若虫出土季节，可以发动群众捕而食之。

（9）园内种植诱集作物，诱集害虫集中危害而消灭。利用桃蛀螟、桃小食心虫对玉米、高粱趋性更强的特性，园内种植玉米、高粱等，诱其集中危害而消灭。

（10）园内放养鸡、鸭等家禽，啄食害虫，减轻危害。

2. 物理防治

是根据害虫的习性而采取防治害虫方法。

（1）灯光诱杀（图5-1-1，图5-1-2）。①黑光灯诱杀。常用20瓦或40瓦黑光灯管做光源，在灯管下接一个水盆或一个广口瓶，瓶内放些毒药，以杀死掉落的害虫。此法可诱杀晚间出来活动的害虫，如桃蛀螟、黄刺蛾、茎窗蛾成虫等。②频振式杀虫灯。利用大多数害虫晚上有趋光的特性，运用光、波、色、味4种诱杀方式杀灭害虫，它的主要元件是频振灯管和高压电网，频振灯管能产生特定频率的光波，引诱害虫靠近，高压电网缠绕在灯管周围能将飞来的害虫杀死或击昏，即近距离用光，远距离用波、黄色光源、性信息等原理设计的杀虫灯，以达到防治害虫的目的。

频振式杀虫灯使用方法：可利用路两旁的电线杆或吊挂在牢固的物体上。灯间距离180~200米，离地面高度1.5~1.8米，呈棋盘式分布，挂灯时间为5月初至10月下旬。接通电源，按下开关，指示灯亮即进入工作状态。

（2）糖醋液诱杀。许多成虫对糖醋液有趋性，因此，可利用该习性进行诱杀。方法是在成虫发生的季节，将糖醋液盛在水碗或水罐内制成诱捕器，将其挂在树上，每天或隔天清除死虫。糖醋液的制备方法：酒、水、糖、醋按1：2：3：4的比例，放入盆中，盆中放几滴农药，并不断补足糖醋液。

（3）黏虫板诱杀害虫（图5-2-1）。利用昆虫的趋黄性诱杀害虫，可防治潜蝇成虫、粉虱、蚜虫、叶蝉、蓟马等小型昆虫；而蓝色板诱杀叶蝉效果更好，配以性诱剂可扑杀多种害虫的成虫。

黏虫板制作方法：购买黏虫纸，或用柠檬黄色塑料板、木板、硬纸箱板等材料，大小约20厘米×30厘米，先在板两面涂抹柠檬黄色油漆后，再均匀涂上一层黏虫胶或黄油、机油即可。

挂板方法及时间：于4月初至10月下旬挂板。田间用竹（木）细棍支撑固定，每亩均匀插挂20块黄板，呈棋盘式分布，高度比植株稍高，太高或太低效果均较差。当纸或板上粘虫面积占板表面积的60%以上时更换，板上胶不黏时及时更换。为保证自制黄板的黏着性，需1周左右重新涂1次。悬挂方向以板面东西方向为宜。

（4）树干缠粘虫带。利用害虫在树干上爬行，上树为害、下树栖息或化蛹等习性，在树干上缠普通塑料带或缠上涂有粘虫胶、黄油、机油的塑料胶带，设置阻截障碍，达到杀灭害虫的目的，对防治尺蠖类害虫及一些频繁上下树的害虫防治效果很好，减少了用药，又避免了对人、益虫、鸟类、环境造成的危害和污染（图5-3-1至图5-3-3）。

（5）涂捕虫圈（图5-4-1）。用捕虫胶在树干与树杈交界处，涂一圈，宽3~4厘米，捕杀天牛效果好：天牛产卵前在树的枝干多次来回爬行找适宜产卵的地方。一般选择斜着向上光滑部位，用嘴扒开树皮长约1.5厘米、宽约0.8厘米的小穴，将一粒卵产入，再用树皮盖住，产一粒卵换一个地方。在树干上涂几道捕虫圈，捕杀天牛的效率非常高，将天牛等害虫消灭在产卵之前，使林果类树体少受危害。

（6）高浓度虫胶、黏鼠板捕鼠。鼠害重的果园在老鼠经常出没走道上，放置黏鼠板或摊一小块高浓度虫胶，又不引起老鼠注意。老鼠通过时踩上就被粘住。

（7）防虫网（图5-5-1）。通过覆盖在棚架上的防虫网，构建人工隔离屏障，将害虫拒之网外，切断害虫传播途径，有效控制被保护地各类害虫的发生危害和与害虫传播有关的病害发生，减少了果园化学农药的施用，并具有抵御暴风、雨冲刷和冰雹侵袭等自然灾害的功能，是一种简便、科学、有效的防虫、防病措施。防虫网的孔径，以20~32目为宜，好的防虫网，正确使用和保管可利用3~5年。

（8）性外激素诱杀（图5-6-1，图5-6-2）。昆虫性外激素是由雌成虫分泌的用以招引雄成虫来交配的一类化学物质。通过人工模拟其化学结构合成的昆虫性外激素已经进入商品化生产阶段。性外激素已明确的果树害虫种类有30多种。目前国内外应用的性外激素捕获器类型有5大类20多种。如黏着型、捕获型、杀虫剂型、电击型和水盘型。我国在果树害虫防治上已经应用的有桃蛀螟、桃小食心虫、桃潜蛾、梨小食心虫、苹果小卷叶蛾、苹果褐卷叶蛾、梨大食心虫、金纹细蛾等昆虫的性外激素。捕获器的选择要根据害虫种类、虫体大小、气象因素等，确定捕获器放置的地点、高度和用量。①利用性外激素诱杀。在果园放置一定数量的性外激素诱捕器，能够诱捕到雄成虫，导致雌、雄成虫的比例失调，减少了自然界雌、雄虫交配的机会，从而达到治虫的目的。②干扰交配（成虫迷向）。在果园内悬挂一定数量的害虫性外激素诱捕器诱芯，作为性外激素散发器。这种散发器不断地将昆虫的性外激素释放到田间，使雄成虫寻找雌成虫的联络信息发生混乱，从而失去交配的机会。在果园的试验结果表明，在每亩内栽植110棵果树的情况下，每棵树上挂3~5个桃小食心虫性外激素诱芯，能起到干扰成虫交配的作用。打破害虫的生殖规律，使大量的雌成虫不能产下受精卵，从而极大地降低幼虫数量。

（9）水喷法防治。在果树休眠期（11月中下旬）用压力喷水泵喷枝干，喷到流水程度，可以消灭在枝干上越冬的介壳虫。

（10）果实套袋（图5-7-1至图5-7-3）。果实套袋栽培是近几年我国推广的优质果品技术。果实套袋后，既能增加果实着色、提高果面光洁度、减少裂果，还能防止病菌和害虫直接侵染果实，减少农药在果品中的残留。目前国内用于果实套袋用袋按材质主要有塑料薄膜袋、白色木浆纸袋、无纺布袋、双层纸袋等。

3. 生物防治

运用有益生物防治果树病虫害的方法称为生物防治法。生物防治是进行无公害果品生产、有效防治病虫害的重要措施。在果园自然环境中有数百种有益天敌昆虫资源和能促使果树害虫致病的病毒、真菌、细菌等微生物。保护和利用这些有益生物，是果品病虫无公害防治的重要手段。生物防治的特点是不污染环境，对人、畜安全无害，无农药残留，符合果品无公害生产的目标，应用前景广阔。但该技术难度较大，研究和开发水平较低，目前应用于防治实践的有效方法还较少。各果园可以因地制宜，选择适合自己的生物防治方法，并与其他防治方法相结合，采取综合治理的原则防治病虫害。

（1）利用寄生性天敌昆虫防治虫害（图5-8-1）。寄生性昆虫活动特点，是以雌成虫产卵于寄主体内或体外，以幼虫取食寄主的体液摄取营养，从而导致寄主（害虫）死亡。而它的成虫则以花粉、花蜜等为食或不取食。除了成虫以外，其他虫态均不能离开寄主而独立生活。果园害虫天敌主要有：寄生卷叶虫的中国齿腿姬蜂、卷叶蛾瘤姬蜂、卷叶蛾绒茧蜂；寄生梨小食心虫的梨小蛾姬蜂、梨小食心虫聚瘤姬蜂；寄生潜叶蛾、刺蛾的刺蛾紫姬蜂、刺蛾白跗姬蜂、潜叶蛾姬小蜂等寄生蜂类。寄生鳞翅目害虫幼虫和蛹的寄生蝇类，如寄生梨小食心虫的稻苞虫赛寄蝇、日本追寄蝇；寄生天幕毛虫的天幕毛虫追寄蝇、普通怯寄蝇等。

（2）利用捕食性天敌昆虫防治害虫。捕食性天敌昆虫靠直接取食猎物或刺吸猎物体液来杀死害虫，致死速度比寄生性天敌快得多。如捕食叶螨类的深点食螨瓢虫、腹管食螨瓢虫、大草蛉、中华通草蛉、食蚜瘿蚊等；捕食蚜虫的七星瓢虫；捕食介壳虫的黑缘红瓢虫、红点唇瓢虫等。此外，还有螳螂、食蚜蝇、食虫椿象、胡蜂、蜘蛛等多种捕食性天敌，抑制害虫的作用非常明显。

（3）利用食虫鸟类防治虫害。鸟类在农林生物多样性中占有重要地位，它与害虫形成相互制约的密切关系，是害虫天敌的重要类群。我国以昆虫为主要食料的鸟有600多种，如大山雀、大杜鹃、大斑啄木鸟、灰喜鹊、家燕、黄鹂等主要或全部以昆虫为食物，对控制害虫种群作用很大。

（4）利用病原微生物防治病虫害。①利用病原微生物防治害虫。在自然界中，有一些病原微生物，如细菌、真菌、病毒、线虫等，在条件合适时能引发害虫流行病，致使害虫大量死亡。利用病原微生物防治虫害主要有细菌、真菌、病毒三大类制剂。②利用病原微生物防治病害。主要是利用某些真菌、细菌和放线菌对病原菌的杀灭作用防治病害。方法是直接把人工培养的抗病菌施入土壤或喷洒在植物表面，控制病菌发育。目前国外已制成对部分病原微生物有抑制作用的微生物产品，如美国生产的防治根癌病的放射性土壤杆菌菌系 K84，应用效果显著。国内也已分离了一些菌株。在土壤中多施用有机肥，促进多种天然存在的抗生菌的大量繁殖，可有效防治果树根系病害，也是利用病原微生物防治病害的可行措施。

目前国内应用病原微生物防治病虫害的制剂主要有苏云金杆菌、白僵菌制剂、病原线虫。

（5）利用昆虫激素防治害虫。对危害相对简单的关键害虫，以及对世代较长、单食性、迁移性小、有抗药性、蛀茎蛀果害虫更为有效。昆虫激素主要有保幼激素、蜕皮激素、性信息激素三大类。其杀虫机理是使害虫生长发育异常而死亡。利用性外激素不仅可以诱杀成虫、干扰交配，还可根据诱虫时间和诱虫量指导害虫防治，提高防效。

4. 化学防治

使用化学药剂防治病虫害具有作用迅速、见效快、方法简便的特点，在现阶段果品生产中仍具有不可替代的作用。然而化学药剂的长期使用，存在着引起害虫抗性、污染环境、减少物种多样性、在果品中残留有危害人体健康有毒物质等多方面的副作用。尤其随着人民生活水平的提高，消费者越来越注重食品安全问题，如何科学合理、正确的使用化学药剂，生产无公害果品日益受到重视。

无公害果品生产并非完全禁止使用化学药剂，使用时应当遵守有关无公害果品生产操作规程和农药使用标准，合理选择农药种类，正确掌握用药量。加强病虫测报工作，经常调查病虫发生情况，选择有利时机适时用药。选择对人、畜安全、不伤害天敌、不污染环境、同时又可以有效杀死有害病虫的农药品种。严禁使用一切汞制剂农药以及其他高毒、高残留、致畸、致癌、致残农药，严禁使用未取得国家农药管理部门登记和没有生产许可证的农药。

参考文献

1. 冯玉增,王国平. 山楂病虫害诊治原色图谱[M]. 北京:科学技术文献出版社,2010.

2. 吕佩珂,等. 中国果树病虫原色图谱[M]. 2版. 北京:华夏出版社,2002.

3. 邱强. 中国果树病虫原色图鉴[M]. 郑州:河南科学技术出版社,2004.

4. 冯明祥,王国平. 苹果梨山楂病虫害诊断与防治原色图谱[M]. 北京:金盾出版社,2003.

5. 北京农业大学. 果树昆虫学:下册[M]. 北京:农业出版社,1981.

6. 中国林业科学院. 中国森林昆虫[M]. 北京:中国林业出版社,1980.

7. 王焱. 上海林业病虫害[M]. 上海:上海科学技术出版社, 2007.

8. 张玉聚,等. 中国农业病虫草害原色图解[M]. 北京:中国农业科技出版社,2008.

附录

附录一　波尔多液的作用与配制方法

1. 作用

波尔多液是目前使用最广泛的保护性杀菌剂，其杀菌力强，防病范围广，对农作物、果树、蔬菜上的多种病害，如霜霉病、褐斑病、黑痘病、锈病、黑星病、轮纹病、果腐病、赤斑病病菌等有良好的杀灭作用。

2. 配制方法

（1）1%等量式：硫酸铜、生石灰和水按1：1：100比例备好料，其配制方法有：

①稀硫酸铜注入浓石灰水法。用4／5水溶解硫酸铜，另用1／5水溶化生石灰，然后将硫酸铜液倒入生石灰水，边倒边搅即成。

②两液同时注入法。用1／2水溶解硫酸铜，另用1／2水溶化生石灰，然后同时将两液注入第三容器，边倒边搅即成。

③各用1／5水稀释硫酸铜和生石灰，两液混合后，再加3／5水稀释，搅拌方法同前。

上述3种配制方法以第一种方法最好。

（2）非等量式：根据防治对象有目的地配制，用水数量根据施用作物的种类而异，一般在大田作物上用水100～150份，果树上200份，蔬菜上240份。

3. 注意事项

①选料要精，配料量要准，在混合时要等石灰乳凉后，再将硫酸铜液慢慢倒入石灰乳中，以保证产品质量。

②波尔多液为天蓝色带有胶状悬浊的药液，呈碱性反应。注意不能与酸性农药混用，以免降低药效。

③药液要随配随用，久置易发生沉淀，会降低药效。残效期一般为10～15天。

附录二　石硫合剂的作用与熬制方法

1. 作用

石硫合剂是常用的杀菌、杀螨、杀虫剂。适用于多种农作物和果树上的病、虫、螨害防治。

2. 熬制方法

（1）配方与选料：生石灰1份、硫黄粉1~2份、水10份。生石灰要求为纯净的白色块状灰，硫黄以粉状为宜。

（2）熬制步骤

①把硫黄粉先用少量水调成糊状的硫黄浆，搅拌越匀越好。

②把生石灰放入铁锅中，用少量水将其溶解开（水过多漫过石灰块时石灰溶解反而更慢），调成糊状，倒入铁锅中并加足水量，然后用火加热。

③在石灰乳接近沸腾时，把事先调好的硫黄浆自锅边缓缓倒入锅中，边倒边搅拌，并记下水位线。在加热过程中防止溅出的液体烫伤眼睛。

④然后强火煮沸40~60分钟，待药液熬至红褐色、捞出的灰渣呈黄绿色时停火，其间用热开水补足蒸发的水量至水位线。补足水量应在撤火15分钟前进行。

⑤冷却过滤出灰渣，得到红褐色透明的石硫合剂原液，测量并记录原液的浓度值。土法熬制的原液浓度一般为15~28波美度。熬制好后如暂不用装入带釉的缸或坛中密封保存，也可以使用塑料桶运输和短时间保存。

3. 注意事项

①桃、李、梅、梨等蔷薇科植物和紫荆、合欢等豆科植物对石硫合剂敏感，应慎用。可采取降低浓度或选用安全时期用药以免产生药害。

②本药最好随配随用，长期贮存易产生沉淀，挥发出硫化氢气体，从而降低药效。必须贮存时应在石硫合剂液体表面中一层煤油密封。

③要随配随用，配置石硫合剂的水温应低于30℃，热水会降低药效。气温高于38℃或低于4℃均不能使用。气温高，药效好。气温达到32℃以上时慎用，稀释倍数应加大至1000倍以上。

④石硫合剂呈强碱性，注意不能和酸性农药混用。忌与波尔多液、铜制剂、机械乳油剂、松脂合剂等农药混用。与波尔多液前后间隔使用时，必须有充足的间隔期。先喷石硫合剂的，间隔10~15天后才能喷波尔多液。先喷波尔多液的，则要间隔20天后才可喷洒石硫合剂。

4. 使用方法

（1）使用浓度要根据植物种类、病虫害对象、气候条件、使用时期不同而定，浓度过大或温度过高易产生药害。树木、花卉休眠期（早春或冬季）喷雾浓度一般掌握在3~5波美度，生长季节使用浓度为0.1~0.5波美度。

（2）常用方法：①喷雾法。②涂干法。在休眠期树木修剪后，使用石硫合剂原液涂刷树干和主枝。③伤口处理剂。石硫合剂原液涂抹剪锯伤口，可减少病菌的侵染，防止腐烂病、溃疡病的发生。

（3）使用前必须用波美比重计测量好原液度数，根据所需浓度，计算出加水量，加水稀释。

石硫合剂稀释可由下列公式计算：

重量稀释倍数=原液浓度−需用浓度/需用浓度

溶量稀释倍数=原液浓度×（145−需用浓度）/需用浓度×（145−原液浓度）

石硫合剂稀释还可直接用查表法，见附表1。

附表1　石硫合剂稀释倍数表(按容量计算)

原液浓度	使用浓度																	
	0.1	0.2	0.3	0.4	0.5	0.6	0.7	0.8	0.9	1.0	1.5	2.0	2.5	3.0	3.5	4.0	4.5	5.0
	稀释倍数																	
10	106	53	31.7	25.8	20.4	16.8	14.2	12.4	10.8	9.7	6.1	4.32	3.23	2.51	1.96	1.62	1.31	1.08
13	142	70	46.5	35.6	27.4	22.7	19.3	16.7	14.7	13.2	8.5	6.1	4.62	3.66	2.98	2.47	2.07	1.76
15	166	82	56	40.7	32.5	26.8	22.7	20	17.4	15.6	10.1	7.6	5.6	4.46	3.66	3.07	2.6	2.24
17	191	95	64	47	37.3	30.9	26.3	22.9	20.2	18.1	11.7	8.5	6.6	5.3	4.37	3.68	3.14	2.72
20	231	114	77	57	45.1	37.5	31.9	27.8	24.6	22	14.4	10.5	8.1	6.6	5.5	4.65	3.99	3.49
22	248	128	86	64	51	42	35.8	31.2	27.6	24.7	16.2	11.8	9.2	7.5	6.2	5.3	4.58	4.03
25	300	150	101	77	59	49.1	42	36.5	32.3	29	18.9	13.9	10.9	8.9	7.4	6.4	5.5	4.84
26	315	157	106	78	62	52	44	38.4	33.9	30.4	19.9	14.7	11.5	9.3	7.8	6.7	5.8	5.1
27	330	165	110	82	65	54	46.1	40.2	35.6	31.9	20.9	15.4	12.1	9.8	8.3	7.1	6.1	5.42
28	345	172	116	86	68	57	48.4	42.1	37.2	33.3	21.9	16.2	12.7	10.3	8.7	7.4	6.5	5.7
29	361	179	120	89	71	59	50	44.1	38.9	34.8	23	16.9	13.3	10.8	9.1	7.8	6.8	6
30	377	188	126	93	74	62	53	46	40.7	36.5	24	17.7	13.9	11.3	9.5	8.2	7.1	6.3
31	393	196	131	97	77	64	55	48	42.5	38.1	25.1	18.5	14.5	11.9	9.9	8.6	7.5	6.6
32	409	204	137	101	81	67	57	50	44.2	39.7	26.2	19.3	15.2	12.4	10.5	9.0	7.8	7
33	426	212	142	106	84	70	60	52	46.1	41.4	27.3	20.2	15.8	12.9	10.9	9.4	8.2	7.3
34	442	221	148	110	87	73	62	54	48.6	43.7	28.4	21	16.5	13.5	11.4	9.8	8.6	7.6

附录三　果园（落叶果树）允许使用农药通用名、商品名、剂型、毒性、防治对象简表

农药类型	常用名	又名	常用剂型	毒性	防治对象
有机磷杀虫剂	敌百虫	三氯松、毒霸	80%、90% 原粉，80%、50% 可湿性粉剂，90%、95% 晶体	低毒。对多数天敌、昆虫、鱼类和蜜蜂低毒	各种食心虫、杏仁蜂、杏虎象、桃蛀螟、卷心虫、刺蛾、各种毛虫、舞毒蛾等
	辛硫磷	肟硫磷、倍腈松、腈肟磷、巴赛松	40%、45%、50% 乳油，25% 微胶囊剂，5%、10% 颗粒剂	对高等动物低毒，对蜜蜂、鱼类以及瓢虫、捕食螨、寄生蜂等天敌昆虫毒性大	各种食心虫、杏仁蜂、李实蜂、杏象甲、蚜虫、卷叶虫、各种毛虫、刺蛾、尺蠖、舞毒蛾、叶蝉等
	杀螟硫磷	杀螟松、速灭松、扑灭松、杀螟磷、苏米松、灭蟑百特	50% 乳油	对高等动物低毒，对鱼毒性中等，对青蛙无害，对蜜蜂高毒	各种食心虫、蠹蛾、桃蛀螟、李实蜂、杏仁蜂、卷毛虫、星毛虫、刺蛾、苹掌舟蛾、介壳虫、蚜虫等
	二嗪磷	地亚农、二嗪农、大利松、大亚仙农	40%、50% 乳油	对高等动物中毒，对皮肤和眼睛有轻微的刺激作用。对鱼毒性中等，对蜜蜂高毒	桃小食心虫、蚜虫、卷毛虫、介壳虫、盲蝽、叶螨等
	毒死蜱	乐斯本、氯吡硫磷	40%、40.7%、48% 乳油，14% 颗粒剂	对高等动物中毒，对眼睛、皮肤有刺激性。对鱼、虾等有毒，对蜜蜂毒性较高	桃小食心虫、介壳虫、卷叶蛾、毛虫、刺蛾、潜叶蛾等

农药类型	常用名	又名	常用剂型	毒性	防治对象
有机磷杀虫剂	哒嗪硫磷	苯哒磷、苯哒嗪硫磷、哒净松、哒净硫磷	20%乳油，2%粉剂	对高等动物低毒	各种食心虫、蚜虫、叶蝉、盲蝽、叶螨、毛虫、刺蛾等
	乙酰甲胺磷	高灭磷、杀虫灵、全效磷、多灭磷、杀虫磷	30%、40%乳油，25%可湿性粉剂，4%粉剂	低毒。对鱼类、家禽和鸟类低毒	各种食心虫、杏仁蜂、李实蜂、桃蛀螟、刺蛾、苹小卷叶蛾、黄斑卷叶蛾、蚜虫、介壳虫等
	马拉硫磷	马拉松、马拉赛昂、4049、防虫磷	45%、50%、70%乳油，5%粉剂，25%油剂	低毒。对眼睛和皮肤有刺激性，对蜜蜂高毒，对鱼中毒，对寄生蜂、瓢虫及捕食螨等天敌昆虫毒性高	木虱、盲蝽、刺蛾、毛虫、蚜虫、介壳虫、小绿叶蝉、害螨等
	丙硫磷	低毒硫磷	50%乳油，40%可湿性粉剂	低毒。对鱼类和鸟类有一定毒性，对蜜蜂低毒	蚜虫、蓟马、食心虫、卷叶蛾等鳞翅目害虫
拟除虫菊酯类	甲氰菊酯	灭扫利	20%乳油	中毒。对鱼类、蜜蜂、家蚕以及天敌昆虫高毒，对皮肤和眼睛有刺激性	各种食心虫、毛虫类、刺蛾、桃潜蛾、害螨等
	氯氰菊酯	灭百克、安绿宝、兴棉宝、赛波凯、阿锐克	10%乳油	中毒。对家禽和鸟类低毒，对蜜蜂、家蚕和天敌昆虫高毒，对鱼、虾等水生物高毒	各种食心虫、蠹蛾、蚜虫、卷叶虫、刺蛾、毛虫、梨木虱等

农药类型	常用名	又名	常用剂型	毒性	防治对象
拟除虫菊酯类	溴氰菊酯	敌杀死、凯素灵、凯安保	2.5%乳油	中毒。对鱼类、蜜蜂和家蚕剧毒，对寄生蜂、瓢虫、草蛉等天敌昆虫毒性大，对鸟类毒性低	各种食心虫、桃蛀螟、褐卷蛾、褐带卷蛾、黄斑长翅蛾、蚜虫等
	联苯菊酯	天王星、氟氯菊酯、虫螨灵、毕芬宁	2.5%和10%乳油	中毒。对蜜蜂、家禽、水生生物及天敌昆虫毒性大，对鸟类低毒	各种食心虫、蚜虫、害螨等
	氟氯氰菊酯	百树菊酯、百树得、百治菊酯、氟氯氰醚菊酯	5.7%乳油	低毒。对鱼、蜜蜂、蚕高毒，对天敌昆虫杀伤力大，对鸟类低毒	各种食心虫、各种卷叶蛾、刺蛾、舟型毛虫、蚜虫等
	氰丙菊酯	罗速发、杀螨菊酯	2%乳油	低毒。对天敌小花蝽、草蛉、食螨瓢虫、鸟类安全，对鱼类剧毒	各种害螨、桃小食心虫等
	氰戊菊酯	速灭杀丁、氰戊菊酯、敌虫菊酯、速灭菊酯、中西氰戊菊酯、虫畏灵、百虫灵	20%乳油	低毒。对鱼、虾等水生生物和蜜蜂、家蚕高毒，对害虫天敌毒性较大	各种食心虫、各种卷叶蛾、毛虫、刺蛾等
	顺式氰戊菊酯	来福灵、S-氰戊菊酯、高效氰戊菊酯	5%乳油	中毒。对水生生物、家禽、蜜蜂均有毒	防治蝶、刺蛾、尺蠖等，但对螨无效
	氯菊酯	二氯苯醚菊酯、苄氯菊酯、除虫精、克死命	10%乳油	低毒。对眼睛有轻微刺激，对蜜蜂、鱼、蚕毒性高	各种食心虫、尺蠖、刺蛾、蟓毛虫、葡萄二斑叶蝉、蚜虫等

农药类型	常用名	又名	常用剂型	毒性	防治对象
拟除虫菊酯类	乙氰菊酯	杀螟菊酯、赛乐收、稻虫菊酯	10%乳油,2%颗粒剂	低毒。对家蚕和蜜蜂有毒,对鱼类、鸟类毒性低	金龟子、卷叶虫、各种食心虫、毛虫、蚜虫等
	醚菊酯	苄醚菊酯、多来宝、MT1500	10%悬浮剂,20%乳油,5%可湿性粉剂	低毒。对鱼毒性中等,对鸟类低毒,对蜜蜂和家蚕毒性较高	各种食心虫、各种食叶害虫、卷叶虫、蚜虫、盲蝽、尺蠖、刺蛾等
	戊菊酯	中西除虫菊酯、杀虫菊酯、多虫畏、戊酯醚酯	20%乳油	低毒。对鱼类、蚕和蜜蜂毒性较高	各种食心虫、蚜虫、刺蛾、凤蝶、尺蠖等
氨基甲酸酯类	甲萘威	西维因、胺甲萘、US-7744、OMS-29	25%可湿性粉剂,2%粉剂	低毒。对鸟类和鱼低毒,对蜜蜂毒性大	各种食心虫和刺蛾、毛虫等害虫
	抗蚜威	辟蚜雾、PP602	50%可湿性粉剂、50%颗粒剂	中毒。对天敌和蜜蜂无影响,对鱼类和鸟类低毒	多种果树上的蚜虫,但对棉蚜无效等
	异丙威	叶蝉散、灭扑威、异灭威	2%粉剂、10%可湿性粉剂、20%乳油、4%颗粒剂	中毒。对鱼类低毒,对蜜蜂和寄生蜂高毒	多种果树上的飞虱、叶蝉、蓟马、蚜虫、椿象、潜叶蛾等
	仲丁威	巴沙、丁苯威、BPMC	25%、50%乳油,2%粉剂	低毒。对鱼类低毒	叶蝉、椿象、卷叶蛾、蚜虫、食叶毛虫等

（续）

农药类型	常用名	又名	常用剂型	毒性	防治对象
沙蚕毒类	杀螟丹	巴丹、派丹、卡塔普	50%可溶性粉剂	中毒	各种食心虫、桃蛀螟、苹果蠹蛾等
	杀虫双	杀虫丹	18%、25%、30%水剂,5%颗粒剂	中毒。对鱼类低毒,对家蚕剧毒,残效期达2个月左右	多种蚜虫、叶蝉、梨星毛虫、卷叶蛾、害螨等
昆虫生长调节剂类	噻嗪酮	扑虱灵、优乐得、稻虱净、亚得乐	25%可湿性粉剂	低毒。对鱼类和鸟类低毒,对家蚕、蜜蜂和天敌昆虫安全	多种果树上的介壳虫、蚧螬、粉虱等
	抑食肼	虫草死净	20%可湿性粉剂、25%悬浮剂	中毒	卷叶蛾类、凤蝶、尺蠖等
	灭幼脲	灭幼脲3号、苏脲1号	25%悬浮剂	低毒。对鱼类、蜜蜂、鸟类及天敌昆虫安全	各种食心虫、桃蛀螟、潜叶蛾类及毒蛾、刺蛾、苹掌舟蛾、剑纹夜蛾等
	除虫脲	灭幼脲1号、敌灭灵	20%悬浮剂、25%可湿性粉剂、5%乳油	低毒	卷叶蛾、毛虫、刺蛾、桃潜蛾类等
	氟苯脲	农梦特、伏虫隆、特氟脲、CME134	5%乳油	低毒。对鱼、鸟低毒,对蜜蜂无毒,对作物安全,对天敌昆虫和捕食螨安全	潜叶蛾类、卷叶蛾、刺蛾、尺蠖等
	氟啶脲	定虫隆、抑太保、定虫脲、氯氟脲	5%乳油	低毒。对鱼类低毒,对蜜蜂、鸟类安全	潜叶蛾类、卷叶蛾类、尺蠖、各种食心虫、桃蛀螟等

（续）

农药类型	常用名	又名	常用剂型	毒性	防治对象
昆虫生长调节剂类	氟虫脲	卡死克、氟虫隆	5%乳油	低毒。对鱼类和鸟类低毒	各种食心虫、桃蛀螟、卷叶蛾类、潜叶蛾类、螨类等
	米满	RH5992	24%悬浮剂	低毒。对鱼中毒。对捕食螨、食螨瓢虫、捕食性黄蜂、蜘蛛等天敌安全	卷叶蛾类、尺蠖等
	虱螨脲		5%乳油	低毒	各种食心虫、卷叶蛾、食叶害虫、潜叶蛾类、凤蝶等
其他类	吡虫啉	大功臣、一遍净、扑虱蚜、蚜虱净、康福多	10%、20%、25%可湿性粉剂，2.5%、5%乳油	中毒。对鱼低毒	各种果树蚜虫、飞虱、蓟马、粉虱、叶蝉、绿盲蝽、潜叶蛾类等
	啶虫脒	乙虫脒、莫比朗	20%可湿性粉剂，3%乳油，2%颗粒剂	中毒。对鱼和蜜蜂低毒	蚜虫、叶蝉、粉虱、蚧类、蓟马、潜叶蛾类等
	阿克泰	—	25%水分散粒剂	低毒	各种蚜虫、飞虱、粉虱、介壳虫、潜叶蛾类等
	机油	绿颖、敌死虫、机油乳剂	99%乳油	低毒	多种果树上的害螨、介壳虫、粉虱、蓟马、潜叶蛾、蚜虫、木虱、叶蝉等害虫，也可控制白粉病、煤烟病、灰煤病等

农药类型	常用名	又名	常用剂型	毒性	防治对象
复配剂	辛·阿维	辛·阿维乳油	15%、20%乳油	低毒	蚜虫、叶螨、潜叶蛾、食心虫等
	辛·氰	辛·氰乳油	20%、30%、40%、50%乳油	20%、30%为中毒，40%、50%为低毒	蠹蛾、蛀果害虫、刺蛾、天幕毛虫、苹掌舟蛾、食叶性害虫、蚜虫等
	辛·甲氰	辛硫·甲氰菊酯、克螨王	20%、30%乳油	中毒。对鱼、蜜蜂和家蚕高毒	多种食心虫、蚜虫和螨类等
	辛·溴	杀虫王、常胜杀、扑虫星、多格灭除、铃蛾虫清	15%、25%、26%、50%乳油	低毒	各种食心虫、星毛虫、天幕毛虫、舞毒蛾、尺蠖、刺蛾、蚜虫、卷叶蛾类、叶斑蛾等
	乐·氰	菊乐合酯、速杀灵、蚜青灵、多歼、杀虫乐、灭虫乐	15%、25%、30%、40%乳油	中等偏低	多种食心虫、多种食叶性害虫、潜叶蛾类
	菊·马	灭杀毙、增效氰马、桃小灵、害克杀、杀特灵	20%、40%、21%乳油	对哺乳动物毒性中等。对鱼、虾、蜜蜂、家蚕和天敌毒性很高	各种蚜虫、多种食心虫、卷叶蛾、杏仁蜂、李实蜂、杏虎象、桃蛀螟
	菊·杀	菊·杀乳油	20%、40%乳油	低毒	各种卷叶蛾、梨星毛虫、刺蛾、蚜虫、多种食叶害虫等
	克螨·氰戊	克螨·氰菊、克螨虫、灭净菊酯	20%乳油	低毒	多种害螨、多种食心虫、蚜虫、潜叶蛾类等

农药类型	常用名	又名	常用剂型	毒性	防治对象
复配剂	马·联苯	马·联苯乳油、药王星	14%乳油	中毒	食心虫类、害螨等
	尼索·甲氰	农螨丹	7.5%乳油	中毒。对鱼类、蜜蜂、家蚕有毒	多种食心虫、害螨等
	蚜·氯	农地乐、除虫净、虫多杀、迅歼、虫地乐、易虫锐	25%、52.25%、55%乳油	对人畜中毒,对蜜蜂、家蚕剧毒	食心虫类、梨木虱、各种蚜虫、潜叶蛾类等
	吡·毒	拂光、保护净、赛锐、爱林、千祥	22%乳油	对人畜毒性中等,对鱼低毒,对天敌昆虫和作物安全	各种蚜虫、木虱、叶蝉等
	烟·参碱	烟·参碱乳油	1.2%乳油	低毒	各种蚜虫、卷叶蛾、叶蝉、螨类、蓟马、蜡类等
植物源	烟碱	—	40%硫酸烟碱,自制烟草水	中毒。对鱼类等水生动物毒性中等,对家蚕高毒	蚜虫、卷叶蛾、叶蝉、螨类、蓟马、蜡类等
	鱼藤酮	鱼藤精	4%粉剂,2.5%、7.5%乳油	中毒,对鱼类、家蚕高毒,对蜜蜂低毒,对作物安全	果、菜、茶等多种植物上的尺蠖、毛虫、卷叶蛾、蚜虫等
	苦参碱	苦参素	0.2%、0.26%、0.3%、0.36%、1.1%水剂	低毒	各种蚜虫、兼治毛虫等食叶害虫幼虫

农药类型	常用名	又名	常用剂型	毒性	防治对象
微生物源	苏云金杆菌	Bt乳剂、青虫菌、敌宝、灭蛾灵、先得力、先力	100亿活芽孢悬浮剂、100亿活芽胞可湿性粉剂、100亿孢子/毫升Bt乳剂	低毒。对家禽、鸟类、鱼类和猪等低毒。对天敌安全但对蚕高毒	卷叶虫、食叶性毛虫、刺蛾、凤蝶、尺蠖等
	阿维菌素	害极灭、阿巴尔、阿维虫清、爱福丁、虫螨光、齐螨素、螨虫素、杀虫素、虫螨克、农哈哈、爱比菌素、阿发米丁、除虫菌素	2%、1.8%、1%、0.9%、0.6%、0.5%、0.2%乳油	高毒。对蜜蜂高毒，对鱼类中毒，对鸟类安全	螨类、蚜虫、蝇类、潜叶蛾、食心虫、梨木虱等
	白僵菌	—	含活孢子50亿~80亿个/克可湿性粉剂	对人、畜毒性极低。对蚕有毒	防治桃小食心虫、蛾类、蝶等多种害虫
性外激素	桃小食心虫性外激素	—	500微克/诱芯	无毒。作用：预测预报,指导用药	桃小食心虫
	苹果小卷蛾性外激素	—	500微克/诱芯	无毒。作用：预测预报,指导用药,干扰成虫交配	苹果小卷蛾
	桃潜蛾性外激素	—	200微克/诱芯	无毒。作用：预测预报,指导用药	桃潜蛾
	桃蛀螟性外激素	—	500微克/诱芯	无毒。作用：预测预报,指导用药,干扰成虫交配	桃蛀螟

农药类型	常用名	又名	常用剂型	毒性	防治对象
性外激素	枣镰翅小卷蛾性外激素	—	150微克/诱芯	无毒。作用：预测预报，指导用药，干扰成虫交配	枣镰翅小卷蛾
	金纹细蛾性外激素	—	200微克/诱芯	无毒。预测预报，指导用药	金纹细蛾
	葡萄透翅蛾性外激素	—	300微克/诱芯	无毒。作用：预测预报，指导用药	葡萄透翅蛾
杀螨剂	双甲脒	螨克、双虫脒	20%乳油，25%、50%可湿性粉剂	低毒。对鱼类中毒，对蜜蜂、鸟及天敌昆虫低毒	害螨、梨木虱、蚜虫、介壳虫等
	苯丁锡	托尔克、克螨锡、螨完锡、SD14114	25%、50%可湿性粉剂，20%悬浮剂	低毒。对鱼高毒，对蜜蜂和鸟低毒	防治多种果树上的害螨
	四螨嗪	阿波罗、螨死净	20%悬浮剂	低毒	多种果树上的叶螨、瘿螨、跗线螨
	哒螨灵	扫螨净、哒螨酮、速螨酮、牵牛星、哒螨尽、NC-129	20%可湿性粉剂，15%乳油	低毒。对鱼类毒性较高	多种害螨及蚜虫、叶蝉、介壳虫等
	炔螨特	克螨特、丙炔螨特	73%乳油	低毒。对鱼类高毒，对蜜蜂低毒	果树、茶树、多种作物上的害螨
	苯螨特	西斗星	5%、10%、20%乳油	低毒。对鱼类中毒	防治果树上多种叶螨，但对锈螨无效

农药类型	常用名	又名	常用剂型	毒性	防治对象
杀螨剂	苯硫威	排螨净、苯丁硫威、克螨威	35%乳油	低毒。对鸟类和蜜蜂低毒	防治多种果树上的害螨
	唑螨酯	霸螨灵、杀螨王	5%悬浮剂	中等毒性。对鱼、虾、贝类高毒，对家蚕有拒食作用	叶螨、瘿螨、跗线螨等
	吡螨胺	必螨立克、MK-239	20%乳油，10%和20%可湿性粉剂	低毒。对鱼类高毒，对鸟类和蜜蜂低毒	叶螨、锈螨、跗线螨、细须螨和蚜虫、粉虱等
	噻螨酮	尼索朗、除螨威	5%乳油，5%可湿性粉剂	低毒。对鱼类中毒，对蜜蜂和天敌安全	叶螨、二斑叶螨、全爪螨
	螨威多	—	24%悬浮剂	对人、畜低毒，对鱼类急性毒性较高，对鸟类和蜜蜂成虫毒性低	叶螨、锈螨
无机类杀菌剂	硫黄	硫	45%、50%悬浮剂	对人、畜安全，对水生生物低毒，对蜜蜂几乎无毒	多种病害，也可杀螨
	石硫合剂	多硫化钙、石灰硫黄合剂、可隆	45%结晶体、20%膏体、29%水剂	低毒	多种病害、介壳虫、害螨等
	波尔多液	硫酸铜-石灰混合液	石灰半量式、等量式、倍量式	低毒。对蚕毒性较大	多种真菌病害，如干腐病、黑斑病、煤污病
	多硫化铜	石钡合剂、硫钡粉	70%粉剂	低毒	炭疽病、疮痂病、黑星病、轮纹病、黑斑病、腐烂病、干腐病等

农药类型	常用名	又名	常用剂型	毒性	防治对象
无机类杀菌剂	氢氧化铜	可杀得、冠菌铜、丰护安、根灵	77%可湿性粉剂，53.8%、61.4%干悬浮剂，7.1%根灵悬浮剂	低毒	炭疽病、白粉病、黑痘病、落叶病、黑斑病、锈病等
	王铜	氧氯化铜、碱式氯化铜、好宝多	30%悬浮剂，10%、25%粉剂，84.1%可湿性粉剂	低毒	多种病害
	碱式硫酸铜	绿得保、保果灵、杀菌特、铜高尚	80%可湿性粉剂，27.12%、30%、35%悬浮剂	低毒	溃疡病、黑痘病、霜霉病等
	氧化亚铜	铜大师、靠山、氧化低铜	56%水分散粒剂，86.2%可湿性粉剂，86.2%干悬浮剂	低毒	白腐病、黑痘病、叶病、轮纹病、黑斑病等
有机硫、有机磷类杀菌剂	福美双	秋兰姆、赛欧散	50%可湿性粉剂	中毒	白腐病、炭疽病、黑星病、穿孔病等
	代森锌	什来特、锌来特	65%、80%可湿性粉剂	低毒	多种病害
	代森锰锌	大生、大生M-45、喷克、速克净、大生富、新万生、百乐、大丰、山德生	50%、70%、80%可湿性粉剂	低毒	落叶病、花腐病等多种病害
	福美锌	—	65%可湿性粉剂	低毒	花腐病、炭疽病、褐腐病等
	丙森锌	安泰生、甲基代森锌	70%可湿性粉剂	低毒	斑点落叶病、霜霉病、炭疽病等

农药类型	常用名	又名	常用剂型	毒性	防治对象
取代苯基类杀菌剂	百菌清	达科宁、大克灵、克劳优、桑瓦特、霉必清	50%、75%可湿性粉剂，40%悬浮剂，30%、45%烟剂，10%乳油	低毒	炭疽病、褐腐病、疮痂病、轮纹病、斑点病、褐斑病、白粉病等
	乙霉威	硫菌霉威、保灭灵、万霉灵、抑霉灵、抑菌威	25%可湿性粉剂	低毒	斑点病、青霉病、绿霉病等
	甲基硫菌灵	甲基硫菌灵	50%、70%可湿性粉剂，36%、50%悬浮剂	低毒	炭疽病、花腐病、霉心病、黑点病等
	甲霜灵	瑞毒霉、雷多米尔、阿普隆、瑞毒霜、甲霜安	25%可湿性粉剂	低毒	苗期立枯病、霜霉病等
杂环类杀菌剂	多菌灵	苯骈咪44号、棉萎灵、棉萎丹、保卫田、枯萎立克	25%、50%、80%可湿性粉剂，40%悬浮剂	低毒	果树上的多种真菌性病害
	噻菌灵	特克多、硫苯唑、腐绝、涕灭灵、噻苯灵	45%、42%悬浮剂，60%可湿性粉剂	低毒	青霉病、炭疽病、黑星病等
	粉锈宁	三唑酮、百理通、百菌酮	15%、25%可湿性粉剂，20%乳油	低毒	白粉病、炭疽病、黑星病等
	腈菌唑	迈可尼	25%、40%可湿性粉剂，12.5%、25%乳油	低毒	黑星病、锈病、青霉病、绿霉病等
	烯唑醇	速保利、达克利、特灭唑、特普唑	12.5%可湿性粉剂	低毒	黑星病、轮纹病、叶斑病、黑腐病等

农药类型	常用名	又名	常用剂型	毒性	防治对象
杂环类杀菌剂	氟硅唑	福星、克攻星	40%乳油	低毒	黑星病、白粉病、黑痘病等
	异菌脲	扑海因、咪唑霉、依扑同	50%可湿性粉剂，25%悬浮剂	低毒	水果贮藏期病害、花腐病、灰霉病等
	腐霉利	速克灵、二甲基核利、杀霉利、扑灭宁	50%可湿性粉剂	低毒	霜霉病、褐腐病、灰霉病等
	乙烯菌核利	农利灵、烯菌酮、免克宁	50%可湿性粉剂	低毒	褐腐病、灰霉病、褐斑病、核果类菌核病等
	唑菌腈	应得、腈苯唑、苯腈唑	24%悬浮剂	低毒	褐腐病、黑星病、叶斑病等
	噁醚唑	世高	10%水分散颗粒剂	低毒	斑点落叶病、炭疽病、疮痂病、叶斑病等
	氯苯嘧啶醇	乐必耕、异嘧菌醇	6%可湿性粉剂	低毒	黑星病、炭疽病、白粉病、锈病、轮纹病等
其他杀菌剂	溴菌清	炭特灵、休菌清	25%可湿性粉剂，25%乳油	低毒	炭疽病、褐腐病、白腐病等
	菌毒清	环中菌毒清、菌必净	5%水剂	低毒	腐烂病、轮纹病、根部病害、炭疽病等
	双胍辛胺	双胍辛胺、别腐烂、派克定、百可得	25%水剂，3%糊剂（涂布剂），40%可湿性粉剂	中等毒性	果实腐烂病、落叶病、黑痘病等

农药类型	常用名	又名	常用剂型	毒性	防治对象
其他杀菌剂	霜脲氰	清菌脲、霜疫清、菌疫清	10%可湿性粉剂	低毒	霜霉病、白粉病、霜疫霉病等
	嘧菌酯	阿米西达	25%悬浮剂	低毒	霜霉病、白粉病、枝枯病、黑腐病、褐斑病、轮纹病。苹果果实生长期喷雾,果实无病斑
	银果	绿帝、银泰	10%乳油,20%可湿性粉剂	低毒	黑星病、白粉病、腐烂病、轮纹病等
复配杀菌剂	腈菌唑·代森锰锌	仙生	62.25%可湿性粉剂	低毒	黑星病、白粉病、落叶病、黑斑病、疮痂病、炭疽病等
	代森锰锌·波尔多液	科博	78%可湿性粉剂	低毒	落叶病、白粉病、黑斑病、褐斑病等
	噁霜灵·代森锰锌	噁霜锰锌、杀毒矾	64%可湿性粉剂	低毒	褐斑病、黑腐病等
	烯酰吗啉·代森锰锌	安克锰锌、安克	69%可湿必粉剂、69%水分散颗粒剂	低毒	霜霉病、疫霉病等
	多菌灵·代森锰锌	多·锰、多·代	40%可湿性粉剂	低毒	轮纹病、黑斑病、黑星病、褐腐病、疮痂病等
	霜脲·锰锌	克露、克抗灵	72%可湿性粉剂	低毒	霜霉病等
	乙膦铝·锰锌	乙锰	70%可湿性粉剂	低毒	落叶病、霜霉病等

农药类型	常用名	又名	常用剂型	毒性	防治对象
复配杀菌剂	甲霜灵·锰锌	雷多米尔锰锌、瑞毒霉锰锌	58%可湿性粉剂	低毒	霜霉病、白粉病、炭疽病、干腐病等
	福美双·多菌灵	福·多·葡灵	40%、50%可湿性粉剂	低毒	白腐病、炭疽病、霜霉病、黑星病等
	多菌灵·硫黄	多·硫、多菌灵Ⅱ、灭病威	40%、50%悬浮剂	低毒	轮纹病、白粉病、灰霉病等
	多菌灵·井冈霉素	多井悬浮剂	28%悬浮剂	低毒	黑星病、褐枯病、黑痘病等
	甲基硫菌灵·福美双	甲·福、福·甲、甲硫·福、丰米	70%可湿性粉剂	低毒	轮纹病、炭疽病、早期落叶病、霉心病、白粉病等
	甲基硫菌灵·硫磺	混杀硫	50%悬浮剂、70%可湿性粉剂	低毒	白粉病、霉心病、轮纹病、炭疽病、黑星病、褐腐病等
	硫菌·霉威	抗霉威、克得灵	65%可湿性粉剂	低毒	黑星病、灰霉病等
	炭疽福美	锌双合剂	80%可湿性粉剂	低毒	多种果树上的炭疽病
	百菌清·福美双	百·福	70%可湿性粉剂	低毒	炭疽病、白腐病、霜霉
	宝丽安·克丹	多克菌	65%可湿性粉剂	低毒	落叶病、灰霉病、炭疽病等
	甲霜灵·二羧酸铜	甲霜铜、瑞毒铜	40%可湿性粉剂	低毒	霜霉病等

农药类型	常用名	又名	常用剂型	毒性	防治对象
复配杀菌剂	腐植酸·铜	腐植酸·硫酸铜、843康复剂	2.12%、2.2%、3.3%水剂	低毒	腐烂病等
	春雷霉素·王铜	加瑞农	47%、50%可湿性粉剂	低毒	炭疽病、白粉病、霜霉病等
微生物源杀菌剂	春雷霉素	春日霉素、加收米	2%液剂、2%、4%可湿性粉剂、0.4%粉剂	低毒	溃疡病、脚腐病等
	井冈霉素	多效霉素	5%、10%水剂，10%、12%、15%、17%、20%水溶性粉剂	低毒	轮纹病、褐斑病、缩叶病、立枯病等
	多抗霉素	多氧霉素、宝丽安、多效霉素、多克菌	2%、3%、5%可湿性粉剂、10%、3%水剂	低毒	斑点落叶病、黑星病、灰霉病等
	农抗120	抗霉菌素120、120农用抗菌素、	2%、4%水剂	低毒	轮纹病、斑点落叶病、炭疽病、白粉病、疮痂病等
	中生菌素	克菌康、农抗751	1%水剂，3%可湿性粉剂	低毒	轮纹病、落叶病、炭疽病、黑点病、穿孔病等
	链霉素	农用硫酸链霉素、农用链霉素	72%、10%可湿性粉剂	低毒	穿孔病、溃疡病等

农药类型	常用名	又名	常用剂型	毒性	防治对象
植物生长调节剂	赤霉素	九二O、GA	10%、85%粉剂，40%水水溶性乳剂	无毒	打破休眠、促进种子发芽、果实早熟、调节开花、减少花果脱落、延缓衰老、保鲜等
	氯吡脲	吡效隆、施特优、CPPU	0.1%溶液	对人畜安全	促进植物细胞分裂、分化和器官形成，增强抗逆性、抗衰老、促进果实膨大、诱导单性结实等
	乙烯利	一试灵、催熟剂	40%水剂	低毒	调节植物生长、发育，促进果实成熟，加快叶片、果实脱落、促进植株矮化等
	多效唑	PP$_{333}$、氯丁唑	15%可湿性粉剂	低毒	抑制根系和植株生长，抑制顶芽生长、促进侧芽萌发和花芽的形成，提高坐果率，增强抗逆性等
	抑芽丹	青鲜素、马来酰肼	25%钠盐水剂、50%可湿性粉剂	低毒	暂时性植物生长抑制剂，抑制细胞分裂，控制芽和枝梢的生长

农药类型	常用名	又名	常用剂型	毒性	防治对象
除草剂	草甘膦	镇草宁、草克灵、农达、奔达、飞达、罗达普、农旺、春多多	5%、10%、31%、41%、65% 水剂，50%可溶性粉剂	低毒	杀草谱广，可灭除禾本科、莎草科、阔叶杂草及藻类、蕨类和灌木等
	噁草酮	噁草灵、农思它、G-315、RP-17623	12%、25%乳油	低毒	一年生禾本科及阔叶杂草等
	灭草松	排草丹、苯达松、噻草平、百草克、百草丹	25%、48% 水剂，50%可湿性粉剂，10%颗粒剂	低毒	多年生的莎草科杂草和阔叶杂草等
	萘氧丙草胺	大惠利、草萘胺、敌草胺、萘丙酰草胺	50%可湿性粉剂、20%水剂，10%颗粒剂	低毒	一年生禾本科、莎草科和阔叶杂草
	异丙甲草胺	都尔、甲氧毒草胺、杜耳、稻乐思、屠莠胺	50%、72%、96%乳油	低毒	一年生禾本科、阔叶杂草和碎米莎草等
	吡氟禾草灵	稳杀得、氟草除、氟草灵、吡氟丁禾灵	15%、25%、35%乳油	低毒	一年生和多年生禾本科杂草
	乙氧氟草醚	果尔、割地草、杀草狂、乙氧醚、割草醚	23.5%、24% 乳油，24% 粉剂，0.5%颗粒剂	低毒	莎草科、禾本科和阔叶杂草

农药类型	常用名	又名	常用剂型	毒性	防治对象
除草剂	稀禾定	拿捕净、乙草丁、西杀草、禾莠净、硫乙草灭	20%乳油,12.5%机油乳剂	低毒	一年生和多年生禾本科杂草等
	氟乐灵	特福力、氟利克、氟特力、茄科宁	24%、48%乳油,2.5%、5%、50%颗粒剂	低毒	一年生禾本科杂草、种子繁殖的多年生杂草、阔叶草等
	茅草枯	达拉朋	60%、65%钠盐,85%可湿性粉剂	低毒	禾本科杂草